决定上限的是你的情商和格局

暖心Honey姐 著

中国出版集团
東方出版中心

图书在版编目（CIP）数据

决定上限的是你的情商和格局 / 暖心Honey姐著. -- 上海：东方出版中心，2019.4

ISBN 978-7-5473-1435-7

Ⅰ. ①决… Ⅱ. ①暖… Ⅲ. ①女性－人生哲学－通俗读物 Ⅳ. ①B821-49

中国版本图书馆CIP数据核字（2019）第041763号

策　　划：俞根勇
蔺亚丁
责任编辑：徐建梅
杨典雅
封面设计：仙境

决定上限的是你的情商和格局

出　　版：东方出版中心
地　　址：上海市仙霞路345号
发　　行：东方出版中心
北京时代华语国际传媒股份有限公司
电　　话：（021）62417400
邮政编码：200336
经　　销：全国新华书店
印　　刷：北京富达印务有限公司
开　　本：880×1230毫米　1/32
字　　数：180千字
印　　张：7.25
版　　次：2019年4月第1版　2019年4月第1次印刷
ISBN 978-7-5473-1435-7
定　　价：45.00元

CONTENTS

目录

第二章

情商修炼：不委屈自己，也不伤害别人

第三章

职场格局：你的格局，注定你的结局

推荐序

很高兴，这本书在2019年终于要面世了。恋爱成长学会的创始人，我的事业伙伴和知心朋友——暖心Honey姐把她在北京奋斗的10年，从初出茅庐的毕业生到中国顶级互联网公司的职场精英，最后自己创业做公司老板的经验，糅合到《决定上限的是你的情商和格局》一书中，期望给走在前进道路上的女性朋友们照亮事业的旅程。

这本书从自我管理、情商修炼、职场格局、价值提升四个方面展开四大章节，多层面、多角度，深入浅出地阐述了女性职场格局和人生哲理。暖心Honey姐避开了生硬的说教，用自己的亲身经验，于简练的语言中，一步步指导需要成长的女性朋友先从自我管理上完成蜕变，再由内而外地提升格局、扩展视野，教会女人如何在职场上闪耀光芒。《决定上限的是你的情商和格局》是使女性读者快速修炼“职场女王”的必读之书。用心品读，相信每一位女性朋友都会受益匪浅。

“我深知思维和格局对于更长时间轴上的自我塑造有多

么重要，找到愿意为之全力以赴的目标与梦想后，能激发的潜能到底会有多大。”这句引自《思维的精进》的话语，同样送给每一个想要变得更优秀、更专业、更有魅力的女性读者。时间是一张网，撒到哪里，哪里就会有收获。把时间用在读书上，用在读实操性强的书上，这个力量产生的效果和速度将不亚于令你感受到奇迹的诞生。

聪明的人，并不是拥有知识最多的人，而是能找到解决方法和答案的人，这本书就是送给你的答案之书。

刘 sir

2018 年 5 月 30 日 于北京

自序

时光荏苒，回想起我大学刚毕业的第一份工作，仿佛已经过了很久。十年前，也就是 2008 年，我从西安交通大学毕业后，第一份工作就是质量工程师，这份既辛苦又需要极强耐心的工作是我从学校到社会的过渡。正是这第一份工作让我明白，很多事情当你不知道怎么做时，当没有老师帮忙答疑解惑时，当没有课本供我们寻找答案时，都要自己去想办法解决，这是我学到的职场第一课。

工作一年后，每天的任务多得像一座小山压在我的肩头，这种忙碌只是日复一日量的积累，很难达到质的改变。这也是我第一份工作遇到的最大挫折。我忙到没有自己的生活，但主管还是不满意；我把生活都交给了我的工作，但仍没有取得突破性的成功。我期望自己在事业上有所成就，我很在意自己的积累是不是能带来跨越性的成长，于是我开始对现有的工作和未来都感到深深的迷茫。

王小波说："人在年轻时，最头疼的一件事就是决定自己这一生要做什么。”当我意识到这个问题的时候，我开始反思自己到底喜欢做什么，我认为工作不是仅仅为了赚钱，我希望自己能有更多独立思考的时间，用自己的能力去帮助更多人拥有更便利的生活。恰逢当时互联网正热，我选择了在互联网公司做产品经理，做一款千万人使用的产品，用产品给大家带来更多的便利。

我后来的工作岗位就都与产品有关了，从一个什么都不会的新人到产品经理，再到上市公司资深产品经理，我学会了怎么去做产品，怎么和更多部门协调一起达成目标。正是因为这一职位的多方协调性和工作复杂性，产品经理被称为“CEO的摇篮”。多年后，在机缘巧合之下我和朋友一起创业，创建了恋爱成长学会，希望能帮助更多的人拥有幸福的生活，希望把我们专业咨询师团队的知识、技巧、干货分享给当下最需要它们的现代女性。在事业的道路上，我觉得我是一个幸运的人，在每个阶段都有很多比我有经验的人给予我很多的支持和帮助，我很感恩这一切。

我经常被公司的小朋友们问：作为CEO，有关职场有关事业，您最想对当下女孩们说的话是什么？

在这里我想把这几句话送给我的读者：

1. 想明白自己要什么，目前不知道没关系，去做，去经历，就知道自己想要什么了。

2. 明确自己的优势、劣势。扬长，避短。

3. 找到自己喜欢的事情，坚持去做，最重要的是，踏实去做。

4. 要有感恩的心，要向优秀的人学习，保持谦逊和低调。

5. 优秀的人给你的意见不但要听进去，还要思考。因为任何人的意见都是参考意见，什么时候都要保持独立思考。

6. 要有梦想，很多事情要敢去想，梦想要大一些，有了梦想，奇迹才能被自己创造出来。

这也是一路走来，作为一名职场女性的我最大的启发。

这本书，就是我在职场和事业上的思考总结，是我和好友一起创立恋爱成长学会以来，想要为当下社会，为现代女性读者做出的一点帮助、一点贡献。

那么，这本书可以帮助你解决哪些问题呢？例如：

如何规划自己的工作，制定合理的工作目标？让工作任务更具有可操作性，方便自己去高效完成。

如何汇报你的工作，不仅能让项目顺利推进，还能得到领导的赏识？一份完美的汇报需要哪些要素？

职场的晋升因素除了能力之外还有哪些？如何管理好自己的人脉？如何充分利用手中的资源，突破职业生涯的瓶颈？

……

具体到分析每一个问题，在读这本书的过程中，你或许能对自己的工作产生新的理解。

例如：汇报工作，汇报工作的目的是什么呢？让领导知道你的工作进度？想到这一点的女性朋友，可能并不理解，领导为什么要不厌其烦地花大量时间去听取你的汇报？是领导没有别的事情可做呢？还是领导只想让你听他在那里高谈阔论？如果你有一个全局的视野，就不会产生这样的想法。

那什么又是全局视野呢？这个概念会贯穿我们这本书的始终。全局视野简单来说就是一个管理者的视野，换句话说就是把自己放在领导者的位置上想问题。当你具备了全局视野，能够跳出你所在的职位局限，站在更高的层面审视自己的工作时，你不仅会对自己的本职工作有更深刻的理解，同时，也会像开了天眼一样对整个公司的战略的执行更有把握。哪些工作是你要独立完成的？哪些工作是要与其他部门相互配合的？哪些工作是核心，是要坚定不移去执行的？哪些工作是可以相应做出调整或改进的……这些你都会一目了然，你对公司的安排和意图才会领会到位。也只有这样，你才能看到自己工作的价值和意义。把自己的工作做得有价值，不仅是每个人向上一步的阶梯，更是自我价值实现的必经之路。

毕淑敏说：“我喜欢爱读书的女人。书不是胭脂，却会使女人心颜常驻。书不是棍棒，却会使女人铿锵有力。书不是羽毛，却会使女人飞翔。书不是万能的，却会使女人千变万化。”读书，能促进我们的成长，我希望更多的女性读者，读完这本书，能够吸收到其中满满的干货，为你的职场之路早日添上飞翔的羽翼！

现在，放下你的忧虑和迷茫，带着寻找答案的愉悦心情，和我一起出发，来一场发现自我的旅途吧！

暖心 Honey 姐

2018 年 9 月 5 日　于北京

第一章

自我管理：你会选择自我重复，还是自我提升

01 你拖延生活，生活也会拖延你

人人都害怕承受痛苦，遇到问题慌不择路、望风而逃，有的人选择拖延时间，幻想问题会自行消失；有的人选择对问题视而不见，欺骗自己认为问题与己无关；有的人选择娱乐、酒精或毒品，想把问题排除在意识之外，让自己尽量忘记问题的存在，以换得片刻的解脱。我们总是逃避问题，而不去与问题正面搏击。我们总是想远离问题，不想承受解决问题要经过的那段痛苦。

——M·斯科特·派克《少有人走的路》

许多人都有拖延的毛病，第二天要递交的报告，总是会加班到凌晨才能搞定；制定好的健身计划，多半会因为各种借口而“流产”；赌咒发誓要完成的年度规划，总会在年底发现无颜面对……每逢年初，你就会发现，有些人只是把前几年的新年计划改了一下年份，分分钟就成了新一年的新年计划。不知道从什么时候开始，无论是在工作中，还是生活上，拖延症成了我们许多人的惯用借口。仔细分析下来，造成拖延的因素主要有两种。

一种是逃避型拖延。当面对一件自己不想做，而又不得不去完成的事情时，人们就会选择拖延来逃避。大脑里控制思考、执行力的前额叶皮质会不断提醒：“快点做完手里的事情。”不过，控制潜意识的边缘系统会不断拒绝这项指令，于是，在事情完成的截止日期到来之前，人们总是会一拖再拖。

另外一种是精益求精型拖延。许多人在工作时，非常在意他人的目光，他们希望自己能够百分之百完美地完成工作，总想着要一次性将工作做好，所以，他们不愿匆匆忙忙地下手，一定要万事俱备才能进入状态。然而，越是抱着这样的心态，就越是难以迈出第一步。归根结底，从认知心理学的角度来看，人之所以会害怕做得不够完美，是因为害怕承担风险，害怕不被接受，拖延症成了心理脆弱的一堵保护墙。

4种方法解决拖延症

心理学家认为拖延症是一种典型的对时间管理无能的表现，是在自我调节失败，并预料到后果对自己不利的情况下，将计划好要做的事情，尽可能地往后推迟去完成的拖延行为。一项调查显示，有70%的人认为自己有时候会拖延，有45%的人认为自己一直身陷拖延的怪圈中无法自拔。如此普遍存在的拖延行为不但会影响人们的生活和工作，还会给人们的身心带来消极负面的影响。那么，如何尽早摆脱拖延症呢？

1. 给自己增加压力，先苦后甜

心理学上有一个“普瑞马法则”，就是说，如果把一件在你看来比较难以完成的事情，放在比较容易做到的事情之前去做完，则接下来的工作就会省时省力许多。同理，当你在工作上或者生活中，如果能够先完成那些具有挑战性的任务，再去做那些简单的事情时，你从中所获得的愉悦感会增长。就拿我本人来说，作为一个公司的CEO，每天要处理的事务繁多，因此在每天的工作中，我会先将一些棘手的、麻烦的事情在上午解决掉，到了下午，再去处理一些琐碎杂事，这样的工作顺序让我每天的工作效率都很高，工作兴致总是保持得很好。

2. 化整为零，做出正确的安排

每一次公司开会，我听到最多的抱怨是："这个项目太难了，不知道该从何下手。""事情太多了，每一样都很急。"要知道堆积的事情不会凭空自行解决，只能一样一样地被处理掉，所以，凡事不要首先想自己会不会做，而要思考怎么去做，这才是正确的安排。

根据心理学上的执行意图理论，我们只要将自己要做的事情设定成一个又一个细小的事情，将庞杂的大事，分解成一个又一个的小事，然后逐个解决，一切都会看起来没有那么复杂了。这就是"大事化小，小事化了"的原则。运用这个方法长期坚持下去，通过频繁的训练，对行动进行规划，就会形成一种生理本能。这样的你，头脑中有了清晰的规划，执行力就会快速提升，也能避免因为一团乱麻而踟蹰不前。

3. 强化效率，自我暗示法

有效地强化效率的办法，就是假定将要完成工作的时间提前。比如，一项工作需要一周的时间完成，那么你就假定这项工作只有三天时间，你必须在三天之内完成，这样你就会逼迫自己更有效率地在完成期限之前做完这项工作。这种自我暗示法，会在潜意识里逼迫你尽早完成这项任务。我身边就有很多同事们用这种自我暗示法，摆脱了拖延症。比如，我们公司的产品经理小玲，每逢周四、周五的时候，她手头上的事总是多得做不过来，她急得像热锅上的蚂蚁。在听了我给她讲的这个自我暗示的方法后，仅用了一周时间来实践，她就开始把工作安排得有条不紊了，到现在，基本上所有的工作任务，她都能在周四当天完成，剩下的时间用来为下周做准备，如此良性循环……

4. 利用外界环境的影响来克制拖延症

拖延症大都是在特定环境中患上的。当没有外物刺激时，一个原本不拖拉的人也会变得拖拉起来。这很大程度上是因为自我放松，对自己要求不严格，再加上没有人督促，于是就慢慢患上了拖延症。说到底，这就是因为自律力的缺失。

所以，当前面三种方法无法帮你摆脱拖延症的时候，你就需要借助外界环境。比如，我们公司的一个员工——果果，虽然她平时的工作做得很到位，但有一个小缺点：早上特别容易迟到。即便上班时间是上午 10 点 30 分，她依然经常拖到 10 点 35 分才到，几乎每天都会迟到几分钟。后来公司明确规定，迟到一次扣除 100 块工资，开始她很不习惯，但在规定的约束下，她只能改变自己，后来，她渐渐养成了早到的习惯，再也没有迟到过。

因此，当你发觉自己有拖延症时，不妨去找一个特定的组织、环境。在这样的组织、环境中，制度会帮你约束拖延的恶习；一些办事讲效率、雷厉风行的人会给你不拖延的信心和力量，让你慢慢改掉拖延的习惯。实际上，依靠环境来改变是一个最省心的方式，特别是当你对自己还不够有信心时，依靠外部的环境会推动你不断往前。

不要一再地问“拖延症还有救吗”这样的话，选出你认为最有效的方法进行尝试，一旦你坚持下去，就会发现自己的生活发生着令人惊喜的改变。治疗拖延症最好的时机，就是现在。

02　选择不做什么，比选择做什么更重要

有些人毕生所追求的东西往往是另一些人与生就俱来的东西。而当人生将走到尽头时，也许毕生追求的人得到了所渴望的，而与生俱来的人却失去了他们仅有的。

——鲁迅

在“寒门再难出贵子”的社会论调里，越来越多的人开始发出质问：人人生来是不是平等的呢？的确，有些孩子一生下来，就掌握比其他孩子多得多的资源。但造物主给了所有人一样的资源，那就是：无论你是谁，你的一天都是 24 个小时，如何运用这 24 小时是每个人不同的选择。

我的一个大学师兄在上财经节目时，报道他公司的高科

技成果远超欧美，但是我们看到的他却是经常在度假。确实，有的人，特别是一些事业有成的老板们，看上去悠闲，但是他的工作成果，却是普通人达不到的。这和他们选择做什么，不做什么，并合理利用时间有关系。不会科学利用时间，不知道自己应该先要做什么，会导致你的投入产出比很低。

人的精力有限，你把精力有效地投入到哪里，哪里就会有成果。乔布斯曾经说过："人生中最重要的决定，不是你要做什么，而是你不能做什么。真正的专注，并不是把精力放在必须重视的事情上，而是要对另外100个好主意说不。"

所以，选择不做什么，比选择做什么更重要。

1. 你想要什么

有的人不停地换工作，有的人不停地换伴侣，其背后的原因都是不知道自己要什么。有的人似乎在追求金钱，有的人似乎总在挑剔伴侣，为了达到自己的理想生活，不停地更换身边的人和物，希望自己拥有幸福的生活，却对幸福没有明确的定义，导致心性浮躁，迷失自己。

很多人从来没有想过自己想要什么样的生活，比如，她可能说自己希望工作和生活能够平衡，努力工作之余要享受生活，但是你发现，她在度假、聚会时可能都在考虑工作，考虑如何赚钱，从来没有把紧绷的神经放下来过；有的人希望自己有苗条的身材，却从来没有放下手中的零食；有的人希望自己能有高情商，却从来没有从对方的角度考虑如何处理问题……

明白我们真的想要什么，选择去做什么，不做什么，是我们人生规划的第一步。

2. 用事情本身的价值和其产生的积累做抉择

我们举一些例子来说明。比如，学会游泳，既学会了一门基本技能，又能够让人从中获得乐趣，能够让你一生受益，这就属于有积累的事情。喝一瓶冷藏的可乐，能解一时之渴，但却对以后没有什么帮助，就是没有积累的事情。以此类推，我们生活、学习和工作中的大多数事情都可以从这两个角度来衡量，由此我们还可以将很多事情分成以下四类。

高价值、有积累的事情：掌握一门好玩又实用的技能；学会一种有效的思维技巧；与良师益友进行深度谈话；学习两性相处技巧，提升情商；找到心灵伴侣或者一生挚友……这些事情，既让你感觉愉悦，又能让你从中长久受益。

高价值、无积累的事情：在群里和人聊天闲扯；看完一部网络小说；吃一顿美食；打通一款游戏的关卡；追喜欢的韩剧……这些事情让你感觉很爽，但从长期来看，却不会对你的人生产生什么有意义的影响。

低价值、有积累的事情：进行一场商务谈判；坚持每天跑步；读一本晦涩难懂的经典图书；处理工作中的纠纷……这些事情虽然做起来不会太惬意，但日积月累，对你的未来大有裨益。

低价值、无积累的事情：看娱乐八卦；漫无目的地刷朋友圈；无聊的等待和发呆……这些事情不会让你产生由内而外的愉悦，只会消耗你的时间。

那么，有积累的事情有什么标准？

第一，积累知识；

第二，掌握技能；

第三，有益健康；

第四，提升思维；

第五，增长阅历。

…………

当然，你还可以列出很多，只要它能让你成为一个你希望成为的人，就可以把它来当成你的标准。比如，你的理想是成为一个有见识的、工作中能独当一面的职场女精英，那么增长你的行业经验、预测未来的趋势、增强你的沟通能力这类事情，都可以选择去做。到底要采用哪些标准，主要是看你想要成为什么样的人。

当你明确自己想要成为什么样的人，想明白自己要什么的时候，平时就要按照自己的目标来做。当你做的每一个举动都是为你的目标而服务时，你就会明晰什么事该做，什么事不该做，如此，你的每一分钟都在为你的目标服务，相信很快你就能感受到自身的成长和生活的变化。

我的助理是一个家庭很幸福的女孩，七夕节，她的丈夫还特意送给她一辆宝马车。有位同事说到自己的情绪控制能力特别差，导致每次谈恋爱都谈不久，就来请教我的助理。我的助理是这样回答的："我每次要说什么，都会先考虑我说完这句话后会有什么后果，如果结果会不好，我们关系会恶劣，那我就不会这样说。"

是的，做事先考虑做完后的效果，是不是符合你心目中对自己的目标设定，就是你做事前权衡要不要做，怎么做的标准。有时候，选择不做，比选择做要简单得多。

03 不主动拒绝，生活就会拒绝你

拒绝是一种权利，就像生存是一种权利。

——毕淑敏

小溪，是我在瑜伽馆认识的一个姑娘，除了瑜伽，她还喜欢健身、读书，有时也和朋友吃饭、看演出，是一个很注重生活品质的人。可是有一次小溪愁容满面地跟我说："Honey姐，我最近工作压力好大，怎么办？"本来我以为小溪只是职业上升期才会感到压力大，结果细聊下来才发现小溪遭遇到的很多问题，都和她不懂得拒绝有关。

小溪在一家知名网络公司工作，主要负责微信公众平台的运营，带了一个小团队，每天虽然忙碌但却很充实。小溪在公司很能干，人缘又好，有时候其他部门的工作做不完，就和小溪商量能不能帮忙分担一些。小溪总是不忍心拒绝，于是会承担起超负荷的工作。小溪的老板对结果要求高，她的下属也因工作过于疲劳而怨声载道，作为“夹心饼”的小溪就尽可能地自己多做一点，于是每天加班，身心俱疲。另外，小溪的闺蜜经营着一家烘焙店，就让小溪帮忙做一些线下的推广，小溪说自己是做网络运营的，并不擅长线下推广，闺蜜却说，你是策划专家，总比别人强吧，帮帮忙吧，你最好了。这样的事情层出不穷，时间长了，小溪经常精神不济，每日蓬头垢面的，上班状态也差了很多，如此恶性循环，她真是有苦难言。

小溪的例子并不是个案，来我们“恋爱成长学会”咨询的很多学员也都存在这类问题，他们之所以会遭遇这么多职场问题，就是因为不懂得什么事情该接受，什么事情该拒绝。因为这样，他们总是有很多事情要忙，但是忙完以后总觉得对自我的提升不大，很苦恼。你的生活中是不是也遇到过这样的情况，明明很忙，却还牺牲自己的时间帮别人解决难题，明明心里很委屈，却一味地妥协忍让？

其实在职场上，很多时候不是居其位谋其职，更多时候是谋其事然后居其位。小溪在工作中是可以帮助别人去解决问题的，这是便于自己升职的，但是她的表现方式有点不妥。

遇到这种问题，我的建议是首先要做好自己的本职工作，在力所能及的情况下再帮别人做一些事情。记住，虽然是帮忙，但是一旦接了就要做好，把自己承担的部分做好，做出成绩，同时要让别人知道这个事情是你做的。你承担的责任越大，你未来手下的人也会越多，只要你的老板是公平的，你自然会获得升迁。所以工作中是否要拒绝，对于想要升迁的你，就要具体问题具体分析了。

我经常对公司的员工说，我们每个人每天的时间是有限的，我们要选择那些能帮助我们获得提升，帮助公司实现目标，符合我们价值观的事情去做，拒绝那些你可以做，但是意义不大的事情。这句话虽然说起来简单，但在职场上，面对拒绝别人这件事，很多人还是做不到，原因是什么呢？

1. 很多不懂拒绝的人，就是因为无法很好地控制自己的个人边界

所谓个人边界，指的是个人所创造的准则、规定或限度。我们以此来分辨什么是合理的、安全的，别人如何对待自己是可以被允许的，以及当别人越过这些界线时自己该如何应对。没有清晰的个人边界的人，即使被人提出了过分的要求，也只会忍受，不会及时还击，并且不懂得如何拒绝。

前文提到的小溪，从小性格温顺，一直是个乖女生。小溪迫于职场压力，害怕拒绝以后会引发同事之间的矛盾；也担心社交压力，不想因为拒绝而影响到她和闺蜜之间的关系。小溪想获得所有人的认可，让男友夸她体贴，亲友夸她懂事，同事夸她合作度高，总是觉得拒绝别人像是自己做错了事。最后，她就成了一个“老好人”——一个对所有人好，唯独对自己不好的“好人”。

“助人为快乐之本”是一句朗朗上口的格言，但是，当别人来求助的时候，难免会遇到我们力不从心的时刻，如果我们懂得拒绝，就能从一些不必要的事务中解脱出来，否则就是“死要面子活受罪”了。

2. 很多人不愿意拒绝别人，是因为害怕拒绝可能会带来的“不良影响”

有的人害怕改变，有的人害怕被人否定，其实归根结底，就在于他们不够自信。有人认为拒绝意味着激怒对方，而激怒对方则意味着将不被对方接受，由此他们只好改变方式，就变成了习惯性取悦别人。

其实很多事情不是不能拒绝，而是要注意拒绝的方式。只要一个人学会了拒绝的技巧，那么既可减少心理上的紧张和压力，又可表现出人格上的独立性，也不至于使自己在人际交往中陷于被动，生活就会变得轻松洒脱，减去很多不必要的负担。

要知道一个人的精力和时间是有限的，你花太多时间和精力去顾及别人，留给自己的就太少了，你不顾自己的能力答应下来的事，只是给自己的人生增添麻烦。

拒绝，是你的权利

首先，我们要有说“不”的底气和能力，底气和能力就是实力的体现。“努力奋斗就是让自己有能力做喜欢的事情，拒绝自己不喜欢的事情。”人生就是如此，越是有实力，你就越能说“不”。提升自己，注意自律，完善自我，提升自身人格魅力，都能让你有能力和有勇气说“不”。

其次，我们在明确自己的底线以后，要学会沟通的艺术，先倾听再表达，明确自己的立场和目的。我们要注意语气和态度，尊重对方，心态放正，千万不要一味迎合别人的需求而降低自己的标准和原则，努力做事，用心做人，拿成果和实力来讲话。

在这里给大家介绍一个和拒绝有关的概念——自我坚定（Self determination），指能够冷静而正面地去坚持自己的观点，维护自己的权益，既不具有攻击性，不威胁其他人的利益，也不被动服从他人，放弃自己的立场。“自我坚定”的人，是自信的，但不自以为是，同时也会以同样的态度去尊重别人的想法和感受。坚守自己的边界，对“自我坚定”的培养是极其重要的，掌握好这项技能的人能够在说出自己观点的时候不会感到羞愧紧张，表达自己感情的时候觉得很舒适，并且能在争取自身权益的同时不去伤害别人的权益。

怎么掌握说“不”的技巧

如果你的工作细化得很清楚，那么你手头的琐碎事情也会层出不穷。当你正专注于自己的重要工作时，同事会不断地有事情要问你，或者找你帮忙。如果放下自己当下的工作，去帮他解决这一件小事情，那么思绪就会被打乱，当你解决完这件小事情，你自己的工作有可能要重新去做，工作效率就会大打折扣。因此，你要学会拒绝，不要让自己整天被纠缠于帮别人处理事情当中，否则，不仅自己的工作完成不了，还有可能出力不讨好。

我们可以适当地用一些“套路”来拒绝别人。

第一招，先认同、后拒绝，也叫转折式。这是世界上最古老的心理技巧，用起来十分奏效。就人的心理而言，听到“是”总比听到“不”要愉快得多。因此，为了友好地拒绝他人，有必要先用肯定来获取对方的好感，然后再拒绝。比如，“我知道你的困难，但是……”“我明白你的意思，也赞成你的看法，不过……”等。先肯定对方，使对方觉得受到了尊重，即使再听到“不”字也不会太反感，相反，对方会觉得你理解他，而且富有同情心。如果一开始就说“不”字，对方会不甘心，力图说服你；而先说出“是”之后再说“不过”的话语，会打消对方说服的欲望。

第二招，拒绝的时候，尽量不要正面拒绝。说明自己的安排、自己的苦衷，用婉转的方法让对方明白自己的意图，让对方意识到你在拒绝，但是又不至于尴尬，这个称为“模糊应答法”和“委婉推脱法”。若是你能提出有效的建议和替代方案，为对方出谋划策，也是一种不错的方法。当对方在你的指引下找到更好的解决办法时，对方反而会更加感激你。

第三招，幽默式表达。在人们的交往中，幽默往往具有许多妙不可言的功能。在社交与谈判场合也是离不开幽默谈吐的，因为它能活跃气氛，缓解矛盾。用幽默的话语含蓄地拒绝对方的某种要求，既显示出自己的睿智、大度，又免得让对方尴尬，不失为良策。历史上，罗斯福在当选美国总统之前，曾任美国海军部部长。一天，一位老朋友向他打听海军在加勒比海的一个小岛上建立潜艇基地的计划。罗斯福想了想，然后向四周看了看，压低声音问他的朋友："你能保密吗？"对方信誓旦旦地回答："能，我一定能。""那么，"罗斯福微笑着说，"我也能！"听到这里，两个人不约而同地大笑起来。罗斯福不好正面回绝老朋友，就绕过问题，引诱朋友说出能保密的话，来拒绝说出秘密，而且不露痕迹地表达了拒绝的理由，最终幽默地化解了对方的要求。

我们说的"拒绝"并不是在提倡"各扫自家门前雪，莫管别人瓦上霜"，职场上多帮助他人，能让你更有机会获得升迁，获得更多的盟友；朋友、亲属之间彼此互助，患难扶持，彼此的关系才能更近，但与此同时，我们也应该明白，在适当的时候说“不”，也是我们在生活中必备的一项技能。

拒绝既需要真诚、信心以及对人对己负责的态度，也需要技巧。学会拒绝可以使你的生活变得更快乐，就像喜剧大师卓别林说的：“学会说‘不’吧，你的生活将会美好得多。”

04　越优秀的人，越重视朋友圈的管理

成功者每天都在提升自我，失败者每天都在重复自我。有些人25岁就死了，但是要75岁才被埋葬。

——富兰克林

相信很多人都很重视自己的个人形象，但也许有些人忽略了自己的网络形象。在这个移动端功能突飞猛进追赶PC端的时代，我们提到的网络形象当然也包括你的朋友圈。

毫无疑问，目前，微信已经是国内第一大社交媒体，逐渐成了许多人工作社交的首选。微信当中很重要的一个功能就是朋友圈交流，从某种意义上来讲，你在朋友圈传达出来的所有讯息，很大程度上直接构建了你的虚拟形象。很多未曾谋面却和你有微信沟通的人，对你的第一印象，就来自于

你的朋友圈展示的内容。另外，很多你本就相识的人，也会根据你发的朋友圈随时调整对你的印象。

有两种情况 Honey 姐在这里特别提一下：

第一种，如果你已经清楚地意识到朋友圈内容关乎自己的网络形象，依然坚持“我就是我，是颜色不一样的烟火”，只管自己开心发泄，完全不管朋友圈会被什么样的人看见，会有什么结果，那么只要你对自己负责就好。

第二种，有的小伙伴朋友圈风格过于低调，更新频率缓慢，这种风格呢，有可能这位小伙伴深藏不露，有可能是生性如此，也有可能是工作需要。

这两种情况，都会对你的职场形象展示产生不小的影响。如果你想要通过积极的自我管理，借用朋友圈来展现你的第二形象，为你的职场发展增光添彩，那么就继续往下阅读吧！

适用于所有人的朋友圈准则

有两点最基本的原则：

第一点，不适合展示在朋友圈的内容。比如，毫无营养、不接地气的“鸡汤文”，博眼球的标题党文章，没有依据经不起推敲的养生链接，毫无节制的短视频或者微商信息，还有集赞的、投票的、传播谣言的信息等。这样的朋友圈只会拉低你的格调。

第二点，要擅长管理自己的朋友圈分组。你要给你的朋友圈做好分组，可能你有很多的倾诉欲，但你的朋友圈有你的老板、同事、家人和亲戚。很多内容并不适合所有人看见，你可以选择分组可见，也可以选择在微信上发给你想要分享的人。如果觉得有不需要在朋友圈呈现的内容，就马上删除，亡羊补牢，永远不算晚。

用有效的朋友圈，提高吸引力和人气

每天刷朋友圈和晒朋友圈成了很多人茶余饭后的固定休闲方式，而且大家有这样一个习惯：每加到一个新的朋友，如果有时间，第一反应就是去看他的朋友圈。朋友圈已经成了一种生活状态，晒朋友圈也成了一种生活方式。显然，如何经营好你的朋友圈也成了一个课题。现在 Honey 姐教你如何管理好一个高质量的朋友圈，如何通过发有效的朋友圈给你的职场人气加分。

1. 你的头像和昵称留下你的第一印象

一个美丽大方的女人，总能得到身边人的热心帮助，无论是生活上爱情上还是事业上。一个英俊潇洒的帅哥，从小就受亲朋好友甚至是陌生人的欢迎，从而在很多事上比一般人受惠多多。你的微信头像也是这个道理。有的女孩子喜欢用一些风景照片、卡通图案、软萌动物作为自己的头像，但事实上风景照片是中老年大叔最喜欢用的，虽然你觉得那张照片很美，但是，对自我形象的展示毫无益处。卡通图案和软萌动物同理，女孩子觉得可爱，也仅仅是可爱了自己。所以，头像最好要用自己的照片，可以是你的自拍照，你在旅行时拍的有意境的照片，也可以是你在健身时拍的动感照片。照片一定要美，人都是感官动物，每个人都喜欢美丽的漂亮的人或事物，你的头像够美，就会给人带来美感和愉悦感，就会吸引人产生和你顺利沟通的欲望，这就是头像的魅力！当然，形象不要过分暴露和性感，以优雅大方为佳。一个小贴士就是，背景也一定要够美，至少要干净，不要有零乱的场面出现，否则你的人再美，配上乱糟糟的背景，形象一下子就大打折扣了。

还有就是你的昵称，网名是你个性的直观体现，尽量体现你的女性特质，英文名、文艺范儿、小清新的名字都是可以的，千万不要自称 × 爷，另外，那些乱码文、火星文就放弃吧，不要觉得这样很酷，别人并不会这么认为。

2. 高级感的图片会提升你朋友圈的质感

定期发一些自己的照片，旅游、健身、下午茶或者聚会时的都行。还是同样的重点，照片一定要美，好的构图加上好的文字才会得到一张高级感的图片。

比如，你要发一组下午茶的图片，你可以拍摄优雅的门面、精致的摆设，加上一张和食物的自拍，这样的四格图片在朋友圈呈现，就会给人留下很有高级感的印象。

然后，文字一定要精练，要有韵味，平时熟读一些散文、游记之类的，这个时候就能派上用场，不妨想象一下，你晒了一张清晨在健身房的背影照，配上一句“积极的心态来源于积极的思维，而积极的思维又是积极行动的结果”。不用说，这张照片瞬间就展示了你的乐观心态和对生活与事业的追求。不论是朋友看到，还是同事、老板看到，相信我，他们之中 80% 的人都会给你点赞或者留下评论，表示对你积极态度的认可。

当然，频繁地发美食照并不可取，这样会给人留下你整天除了吃吃喝喝就没别的事情可干的印象。一定要发的话，记得用餐环境要优雅美好（如果不好可以不拍环境），食物的摆放以及辅助工具的运用也很重要，最后再强调一遍构图加文字的重要性，发出来的照片一定是赏心悦目为首要。

3. 展现丰富多彩的生活状态

朋友圈的初衷就是记录你的生活状态，所以大胆把你的生活状态展示出来。

但有一种情况需要注意：因为朋友圈有不能转发和分享、所发评论共同好友可见等功能的限定，所以它是相对比较私密的社交平台。表面上看，朋友圈很适合自拍、晒娃，但是你的好友们可能并没有兴趣围观你的生活，人们在社交网络中所期待的，还是那些对自己有用的东西。

比如，你去参加了一个学术交流会，可以不经意地发一个朋友圈，配上这样的文字“今日收获颇丰”，又比如，你去滑雪了，晒一张滑雪的美图，配上“才一个上午，初级赛道已经可以滑完全程喽，下次要挑战中级”的文字，加上你微笑的表情，一个自信美丽的女孩便呼之欲出了！有的女孩子比较宅，不愿意出门，那么就在家做一些美食，无论中式西式的小点心都是可以的，买一些好看的餐具，搭配起来拍好照，配上“阳光好暖，心情也随着飘起来了呢”的文字，你的眼前是不是浮现出了一个娴静的、对生活有追求的姑娘？生活的雅趣和你自身的才艺可以直接让人感觉你有内涵、有品位和有素养。试问，这样一个由内而外展现独特魅力的女生，哪个人不会觉得赏心悦目呢？那么你在朋友、客户、同事和老板眼中的形象是不是就一下子好起来了？如此一来，当你与客户进行工作上的沟通时，你的日常印象就会为你的顺利沟通奠定坚实的基础。

4. 展现正能量的生活态度

我在朋友圈常常看到一个女生发这样的负能量信息，比如，“下班堵死了，又困又累，脸过敏越来越严重了，各种烦躁”，又比如，“烦死了，信用卡又忘了还，逾期了”，这些信息给人的感觉是这个姑娘活得很累很厌倦，那么她的这种负面形象和负能量，会给自己的职场形象大大减分！

朋友圈就是你的名片，所以要给人留下美好的印象，传播的一定是正能量，比如，你某个考试通过了，就可以分享到朋友圈“感觉努力总是有回报”，又或者真心推荐而非打广告地介绍实用的APP、有干货的好文章等。

5.朋友圈互动很重要

如果是很熟的闺蜜、老朋友当然可以随意闲聊，但是，如果是客户和刚认识的新朋友，这就要动点小心机了，怎样聊天才是正确的呢？要用有内容的评论代替“哈哈哈哈哈”。比如，你的客户出差了，发布了一条朋友圈，而恰巧这个城市你也去过，你就可以评论“出差很累，吃点好的，××路上的××餐厅很不错，可以尝试一下”，千万不要说“哇，这个地方好棒啊，我也想去”这类无营养的留言。

又比如，你的客户或者领导发布了一条你不知道怎么评论或者不方便评论的朋友圈，你就静静地点个赞，刷一下存在感，让他知道你在关注他就可以了。不要每条都评论，也不要秒赞或者随意地每天赞，这会给人留下你无所事事、整天刷朋友圈的印象。

6. 利用朋友圈给你的职场人气加分

现在的朋友圈基本上都有领导、同事和客户的存在，那么怎么巧妙地发布朋友圈来提升你的职场形象呢?

首先，千万不要吐槽加班，吐槽领导能力，这是最基本的避讳。取而代之的是发一张工作中的照片，当然最佳的就是加班的时候，对着电脑来一张自拍，配上“为了梦想不断奔跑……”的文字就会显得你很有事业心，老板看了也会很欣慰。

其次，公司的团体活动、会议，都可以配上文字发布到朋友圈，除了加深客户对你公司的印象之外，老板也会觉得你对公司有归属感。

最后，随时关注一些和你行业有关的新动态、新技术以及新的观点，转发到朋友圈来。这样客户和领导都会觉得你专业并积极钻研业务，说不定新的订单和下一次升职加薪就是你了。

7. 控制朋友圈的数量

朋友圈不是每天都要发信息的，如果有一定要发的理由，那么每天发一两条也可以了，最多不能超过四五条，再多的话，别人就会腻烦了，一定要以质量取胜而非数量，当你的朋友圈发的足够少而精致的时候，你发在朋友圈中的每一条信息都会成为别人关注你的理由！

以上几点“干货”足够拉高你朋友圈的“颜值”，总结一下就是：不要舍不得删；点赞时有态度，不如多说见解；不要太沉溺，重视真人交往。

你的每一条朋友圈都代表着你的生活状态，经营好你的朋友圈也代表着经营好你的职业生涯。

05 不是别人天生有才，而是你不敢前进

我希望你们找到人生中真正的意义、满足和激情。我希望你们能安度未来的艰难时光，并收获更强大的力量与更坚定的决心。我希望你们能够平衡自己的生活，睁大眼睛去寻找。我还希望你们怀着进取心，在事业里全心投入，去掌控世界。因为世界需要你们去改变它，全世界女性都在指望你们改变她们的命运。

————谢丽尔·桑德伯格《向前一步》

几个校友聚会时，有个师姐问我："还记得当初的小美吗？"

这让我想起了小美的人生选择。小美在学校时是学霸，

毕业就去了中兴通讯股份有限公司（简称中兴），接着回西安交通大学的管理学院学习。可是校友告诉我，小美在考研的过程中，没多久就结婚生子，婚后的小美逐渐放弃了考研，连中兴的工作也不太认真干了，现在是个小职员。从同学的朋友圈，我看到了小美的模样：当初意气风发的小美，如今变成了一个憔悴的晒娃达人，朋友圈都是孩子、代购，转发集齐多少个赞就减价的内容。而我们的一位做金融的朋友，同样的年纪，她的朋友圈都是股票分析、并购、旅行以及别人请她做讲座的分享。

小美的憔悴，让我着实感觉到了可惜。因为女性的沟通能力和对事物整体的理解力、协调力都要比男性强一些，这些都是职场必备的优秀素质。女性如果一直保持成长力，真正的优势在 30 岁之后。那时，女性已经变得成熟，正是事业的黄金期。小美努力了 20 多年，却在将要收获的时候放弃了，实在是让人痛心的事情。因此，在这里，Honey 姐想要告诉正在读这本书的女性朋友们：

1. 不要因为自己是女人就止步不前

当下的社会是一个提倡男女平等的社会，很多女性开始在职场上实现了人生价值，撑起了半边天。但是，职场女性很多，女性领导者却很少，在国内一些顶级名校的企业家群里，董事、总裁、大股东的女性比例通常都不足十分之一。

在我刚毕业不久，就有一位老师给我推荐过 Facebook 首席运营官谢丽尔·桑德伯格的书。作为全球最成功的女性之一，桑德伯格自 1991 年从哈佛大学毕业以后，就发现了一系列令人沮丧的现象。在她从事的初级工作中，男女同事的性别比例比较均衡。越往上走，身边的女同事就越来越少，最终，她成了房间里唯一的女性。几乎每个行业里的情况都是如此，她认为这是社会对女性的传统歧视所造成的结果。在桑德伯格成了唯一的女性高管后，她更是遇到了很多让人难堪却又真实存在的状况。

因为 Facebook 的首席财务官突然离职，桑德伯格不得不参与融资工作。有一次，她和同事飞往纽约，接触和游说私募公司。会议的地点非常高大上，落地窗外面就是曼哈顿的美景。中途休息的时候，桑德伯格询问对方，女士洗手间在哪里。对方很茫然地盯着她，有点不知所措。桑德伯格就问他："你在这儿工作多长时间了？"对方回答："一年。"

"难道我是一年中来到这里谈生意的唯一一个女性吗？"

"我想是的。"

……

由此可见，女性高管稀缺到了什么地步。

这样的情况在国内也是如此，在一个年收益都在 2 000 万以上的企业家俱乐部里，有组织者举办了一次高尔夫比赛，50 多个企业家中，只有 1 ~ 2 位女性企业家参与了比赛。当我亲身经历这种情况时，我开始关注女性在职场道路上的长远发展。由此，我进行了长达一年的各项研究，收集资料，进行国内外职场现状的观察与调研，得出了自己的一点见解。

2. 为什么女性不愿意上前一步

第一，桑德伯格认为，女性不敢向前一步最重要的原因，是没有克服内在的障碍。这样的情况，在我们公司也经常会遇到。开会的时候，到会的女性总是不太敢于提出自己的观点，哪怕这些观点在我们看来是经过她的深入思考的，且是行之有效的，她也会有所顾忌，不太敢于自信表达。而男性则相反，他们一旦对情况有所了解，通常就会勇于表达，虽然有的想法并不太可行。加上我对其他方面的观察与对比，我得出的一个结论是：男性的晋升基于其自身的潜力，而女性的晋升则是基于其已获得的成就。

由于缺乏自信，女性不敢争取表达的机会。当向前一步的机会来临的时候，女性总会或多或少地退缩。于是，女性只能降低对自己取得的成就的期望值，继续包揽家务，照顾家庭，甚至为了孩子在事业上做出妥协。最后的结果是，与男同事相比，她们渐渐失去了获得高层管理职位的渴望。

第二，除此之外，女性太在意他人的评价。女性天生比较在意人际关系的和谐。所以，女性对于他人的评价这件事非常看重。这一点，桑德伯格深有感触。对于 Facebook 这样一个以理工男为主的互联网公司来说，女性高管是个异类。当桑德伯格刚来 Facebook 时，她就听到了不少负面的言论。比如，“她会彻底毁了 Facebook”。为此，她大哭了一场。但是，在设想了所有可能的反驳之后，她发现最好的回应就是无视它们，好好工作。几个月后，桑德伯格与扎克伯格进行了第一次正式的工作总结。扎克伯格建议，想让每个人都喜欢的想法会阻碍她的发展。当想要让事情有所改变时，你不可能取悦每个人；而如果去取悦每个人，你就不会获得充分进步。

另外，有的女性缺乏成为领导者的一些特质。敢于冒险和自我表现，是高级职位需要的特质，然而人们并不鼓励女孩们表现这样的特质。相对来说，女孩更容易给自己设限，缺少冒险精神。这跟早期教育中，对女孩更强调规矩，没有保护好她的好奇心和探索精神有关。人们对男性抱有职业成就方面的期待，对女性的期待则是可有可无。更糟糕的是，说一个女人很有抱负，在我们的文化里并不是褒义的。积极进取、作风强硬的女性，似乎背离了这个社会认同的价值观，在影视剧里这些女性似乎也被塑造成不近人情，不择手段，对待下属尖酸刻薄。而男性的进取、强大、成功，会受到人们的称赞，霸道总裁似乎是女性幻想的理想伴侣，而发生在女性身上时，她收获的却是否定和不解，仿佛她是一个怪物。这意味着，女性在获得成就的同时，要付出更大的代价。

最后，敢于冒险和自我表现这两点有些女人真的得向男人学习，我们看到了太多的男性企业家高管在自我发展的过程中，因为自信和自控，越来越强大，越来越有魅力。他们在努力提升自己价值的同时，也收获了金钱。当你也能够在男人身上得到思考，敢于向前迈出一步的时候，这个世界，将是你的。

3. 怎么做才能勇敢地向前一步

第一，倾听你内心的声音，找到你的发展目标。有了目标，朝着这个方向前进，你总能到达，或者接近目标。可怕的是，很多女孩没有发展目标，问她们是否有职业规划，却是没有规划，来公司就是上班赚钱。

我有一个朋友，刚毕业的时候在一个二线城市的游戏公司做质检员，做了一年后，她提出辞职，说要出去看看，要去顶级的 IT 公司，看看那里的人是怎么做事的。当时主管并不看好她。但这位朋友辞职后时刻留意着那些业内顶级公司的招聘要求，做好前期功课，没多久，她就去了心仪的公司，一年后在公司内部转岗做了项目经理。

有些时候，你可以把别人对你的评价忘掉，倾听内心的声音，试着问自己想要什么。因为别人的态度对你不会产生影响，你只是基于事实和自己的判断做出自己的正确决定。

第二，打破对安全感的认识。安全感，是人们一直追求的。在安全感的驱使下，女人往往更保守，更追求稳定，更喜欢依赖别人，希望稳定的工作、优秀的男人给自己提供安全感和保障。但是你把安全感寄托在别处，是最不安全的。强大的自己才是最好的依靠。当你强大到无所畏惧的时候，你会发现，你已经不再记得安全感这回事了。

第三，向前一步，敢于表现自己，争取机会。有媒体采访美国思科公司的首席技术官沃伦女士：“你从过去所犯错误中，学到的最重要的教训是什么？”她回答说：“当我刚起步时，我拒绝过很多机会，因为当时我想，我还胜任不了这项工作，或者，我对这个领域还不了解。现在回想起来，在某个特定时期，迅速学习并做出成绩的能力才是最重要的。如今我常跟人提到，当你在寻找下一个目标时，其实没有所谓的完全合适的时机。你得主动抓住机会，创造一个适合自己的时机，而不是一味地拒绝。”

这一点我也深有体会。我的一位朋友，留学回国后，在自己的努力下，没到几年就成为行业里顶尖公司的总监，管理着 10 多个人的精英队伍，这个队伍里的小伙伴都是公司花了重金从猎头那边找来的。她因为出色的管理能力，被另外一家公司看中，被请去做那家公司的副总裁，负责更大的业务，但这个时候她却犹豫了，担心自己的能力还不够，也担心自己太强了，会影响到家庭，会给另一半更多的压力，于是她放弃了这个机会。几年后，她回想起来不禁后悔，猎头找了另外一个人去担任这家公司的副总裁，这家公司不久上市了，这位副总裁身价达到了千万，也频频亮相各种媒体的采访活动。

放弃自己最常见的方式，就是认为自己毫无力量。所以，当机会来临时，不要说“我可以吗”，要说“我可以”！先把事情接下来再去完成。

第四，寻找一位可以做你搭档的伴侣。大部分的职场女性都面临一个问题，如何兼顾事业和家庭？家庭，是需要夫妻两个人共同经营的。女人要向前一步，离不开另一半的支持。据统计，世界500强企业的28位女性首席执行官里，有26位已婚，1位离异，只有1位未婚。她们中很多人都说过，“要是没有丈夫的支持，比如，帮着照顾孩子，处理家庭琐事以及为了我的事业而迁居等，我就不会成功”。

巴菲特说:“人生中最重要的投资决策是，跟什么人结婚。伴侣是人生最大的投资。在选择伴侣上，如果你错了，你将损失很多，不仅仅是金钱方面。”在你为自己的职场拼搏，为自己的事业前进的同时，无论什么时候都不要因为眼前的苟且而降低你的标准，不要以为随便找个人嫁了就可以安安稳稳，无后顾之忧地过好后半生。这对你只有坏处，没有好处，只会把你圈禁在生活的苟且中，再难看到诗和远方。

不将就，寻找一位可以做你搭档的伴侣，为你的事业助力，和你共同经营好家庭，有共同语言和向上的目标，才是你应该做的。

06 目标是用来树立的，更是用来执行的

专注于为实现目标必须要做的工作，和做其他想要做的事情之间永远存在矛盾，不是每一家企业的每一个活动都能用于实现某个美好的长远目标。不过，你可能会把过多的宝贵时间和精力用在阅读报告、写推荐信、欢迎外宾以及其他“友好事务”上，这些工作并不能帮助你向理想目标迈进。你不可能把生命中的每一秒都用在为实现目标而付出的努力中，不过你应该尽可能地抓紧时间。你可以把减少花在无关活动上的时间作为一个目标。正如艾伦讲习班上的一位经理所说，“我们的时间是有限的，但我们能做的工作是无限的”。

——罗杰·费希尔《横向领导力》

《冈仁波齐》里面有位老人说，我们祈祷众生都能平安快乐，祈祷自己的一生都能顺利。里面几位朝圣的人，都有各自想要祈祷的事情，为了达成这个目标，他们开始了一段2000公里的叩首路程，历时几年也不觉得浪费时间，而是觉得这是他们应该做的事情，并且做得坦然从容。

说这个电影，其实是想让大家思考自己的目标，不去跟随别人的目标，而是从自己的目标入手，决定哪些事要去做。

说起确立工作目标，做好工作规划，不得不提到我的好朋友艾丽。虽然艾丽现在已是某跨国企业的总监，但艾丽初入职场的时候，却是一个典型的职场新人。那时候艾丽通过了某大型外企的面试，入职后成为一名销售。一个月的新人入职培训后，艾丽便风风火火地做起了销售员，最初的工作的确很顺利，这让意气风发的艾丽立下了豪言壮语："一个月后，我要成为公司的销售前三；三个月后，我要成为公司销售的季度冠军。"然而，好景不长，销售淡季来临，艾丽没能达成目标。说出去的话，如同泼出去的水，没有办法，艾丽只好硬撑着做完三个月，但转正日期需要延长三个月。

后来，艾丽在一次偶然和领导的谈话中才明白，通常销售部的冠军是和市场部相结合的，并且销售冠军通常是总监，理由很简单，总监可以调动两个或多个部门，能发挥出更大的影响力。这时，艾丽若有所思地低下了头……

之所以说艾丽是一名典型的职场新人，是因为她犯了绝大多数新人在职场中经常会踩的雷区，即对自身在职场中的位置不清晰，最后导致了职场目标的不清晰：脑门一热，立下目标。审时度势后，发现目标遥远，然而夸下的海口，却是收不回来的。应该怎么办呢？

1. 明确自己的职场位置

很多初入职场的新人，常常会出现一个问题——觉得自己所做的工作似乎总是和自身价值不匹配，这种不匹配感的主要来源，就是觉得公司将自己大材小用了。就像我的好友艾丽初入职场时遇到的情形，似乎感觉自己无所不能，在工作中所向披靡，完成工作不在话下，绝对有过人之处。Honey 姐在这里想以自身经验告诉各位朋友：工作中的傲气是万万不可的，特别是刚入职场，谦虚才能让更多人愿意来帮助你。如果觉得只有自己行，却眼高手低，不能踏实做好自己手里的任务，最后的结果是，要么离职走人，要么如艾丽一般，被延期转正。

凡此种种情况，原因在哪里呢？就是因为没有明确自己的职场位置，没有搞清楚自己的工作职责。一个新人初入职场，感觉自己没有方向或不知道自己的位置在哪里的时候，不妨用德鲁克的经典五问，问问自己：

我是谁？

我在哪里工作？

我应该做什么？

我在人际关系上承担什么责任？

我今后的目标和计划是什么？

这时，根据自己心中的答案去改进、去努力，方向感也会越来越清晰，长此以往，你的职业生涯目标也会逐渐明确起来。

2. 逐步分解工作目标

稻盛和夫曾说，“如果有个卓越的目标，就可以大大增强勇往直前的动力。如果没有目标，谈什么落实？”稻盛和夫的商业成功之道之一，就是设定具体目标。这里谈到的设定具体目标，指的不仅是要设定长期目标，还要将长期目标具体规划成阶段目标、短期目标，逐一落实。

作为职场新人，设立长期目标，不需要设定三年五载，因为涉及与新工作的磨合期和匹配度，3 年、5 年的事情很难看清楚，但是一年的目标还是基本可以看清楚的。然后将长期目标或是年度目标的实现计划，拆分成季度目标、月度目标，甚至是每一天的小目标。

这样，每天积极勤奋地完成今天的目标，便可知道明天的目标是什么。完成本月的目标，便可清晰地知道下个月的目标是什么。日复一日，年复一年，逐渐实现自己的全部目标、长期目标。

设定长期目标，将长期目标逐一分解为短期目标，不仅有利于大目标的实现，同时有助于不停地审视目标是否符合实际。比如，像开头中提到的艾丽，当艾丽发现目标过大，与实际情况不相符合时，可以及时修正，从而树立正确合理的目标。

3. 落实执行你的目标

初入职场的新人，首先要清楚自己在职场中的定位，这个定位包含了领导对你的定位，还有自己期望的定位，找到二者可以结合的点，完成领导要求的任务后，再开始想办法去实现你自己想要达成的目标。其次，设定适合自身所在职场位置的长期目标，进而将长期目标细分为季目标、月目标，周目标、日目标，其目的是为了及时对目标的合理性进行检测和反馈。

1）目标检测

有了目标，只是嘴上说说是不够的。要在目标逐一落实的过程中不断检测目标，比如，短期目标是否偏离了长期目标，出现偏移就要及时做出调整，在执行短期目标的过程中，长期目标如果有调整，短期目标也要做出相应的调整。短期目标的完成效力将直接影响长远或总体目标的效果。

将每日所需要完成的工作具体化，按照每日计划列出来，并设定好每日目标的完成时间。比如，之前提到的艾丽，在吸取教训后，设定了合理的目标，每日完成5节销售课程的学习，结合学到的销售技巧，针对目标人群进行销售，给自己定一个小目标，平均每天至少要完成一单的销售。三个月后，在艾丽的不懈努力下，她终于拿到了组内的销售冠军。

这就是一个很好的切分目标、实现目标的案例。每一个小目标做的事情都和大目标方向一致，然后通过每日的目标检测，最终实现了大的目标。

2）目标反馈

人都是有惰性的，工作中的长期目标的完成，可能需要很长的时间才会有明显的成绩，容易让人产生疲劳感和无力感。而目标反馈不仅是一个很好的激励机制，同时也是一个很好的评估机制。比如，今天完成了项目中的一部分，取得了初步进展，明天将进行项目的下一部分。虽然项目完成周期长，可是这种积极的反馈和对工作的评估，是一个很好的监督机制。我们公司的产品经理，每周都会用数据来证明自己的工作，上涨的数据是他们对自己能力的认可，也让他们在这样的反馈中士气高涨，不断提升自我。

确定合理的工作目标，将目标融入每天的工作中，及时检测目标，在目标中前进，在前进中实现目标，达到良性循环。

07 比勤奋更重要的，是提升效率

当你对自己的工作效率有了很强的掌控力时，自信就会自然而然伴随而来。克制自己的情绪，把精力集中在提升工作效率上，你就会拥有更多自由掌控的时间。然后把它用来培养自己的爱好，提升自己的技能，进入正能量的循环之中，不断磨炼自己，成为更优秀的职场人。

——小野《自律力》

我见过 30 岁年薪百万的职场女精英，每天加班到 11 点不回家，出门也不修边幅，也见过 30 岁还在做基础岗位的职场小白领，虽然每日也都比别人晚下班，但总是做不好自己负责的事情。为什么有很多人都避免不了加班呢？答案无非是你今天的工作还没有做完，所以需要加班来做。其实，解决这个问题的答案就是——提升你的工作效率。具体如何做到提升工作效率呢？我来给大家提供 3 点实用性建议。

1. 在繁杂的事务中理出重要头绪

有段时间我的一个朋友告诉我，我们共同认识的一个朋友——阳阳像打了鸡血一样，每天 1 点睡觉 5 点起床，看书、运动，这样的生活状态和工作状态在朋友圈看上去很努力，对生活、工作也很积极。我问我的朋友："阳阳这么努力升职加薪了吗？""没有，她还换了份工作，从头开始了。"

为什么每天打满鸡血，却没有升迁，换了工作也没有升职呢？其实看很多书、做很多总结，积极乐观地生活，和职场上的升迁没有太多的关系，职场里的每个岗位都有自己的要求，你平时的学习能让你熟悉你的岗位、你的行业，便于提升你岗位的 KPI（key performance indicator，关键绩效指标），让你与领导、同事之间的关系变得更好，才是最有效的学习，这样你才可能在职场中得到升迁。

在工作中，我见过很多每天很忙碌，但是分不清楚轻重缓急的团队带头人被降级，甚至被辞退的案例。想要成为团队带头人，首先你的工作就要和公司的目标、和公司给你定的岗位目标匹配，如果你坐在这个岗位上，面对一堆的部门事务，却选择了那些对于公司来说不那么重要的事情，花费你的大部分时间去做，那么你可能会很快失去这个岗位。

你要在众多繁杂的事务中理出头绪，做自己认为有意义的事情。比如说，你今天最重要的任务就是写出一篇好的课件，那么你今天80%的时间都会为写这篇稿子做准备，面试、会议和其他的事情就会安排在下午5点以后，来保证你今天完成目标。

2. 单线程改成多线程

虽然有很多管理方面的书都说一个时间段只做一件事可以提高效率，但是以我的多年经验考证，想要高效地工作，我们需要从单线程升级到多线程处理事务。因为在职场我们随时可能被各种会议，或者其他的事情打断我们的工作，我们在处理A工作的时候，在A工作不受太多影响的前提下，也需要思考B工作的进度，其实这是一种高效工作的能力。

我经常在看书的时候，也思考公司的事情、朋友之间的相处，这并不耽误我看这本书，而公司的事情、朋友的相处这些问题也会因为抽离出那个环境而思考得更加客观。

如果你想要提升你在很多方面的能力，比如，历史知识的储备、沟通的能力，你可以选择一些音频，替换你听音乐的时间，与此同时你还能做一些别的事情。这就是多线程时间管理法则，这种方法在无意中就让你的效率提升了3倍甚至4倍。

3. 提前做好明天的工作安排

互联网时代，公司每天的任务安排会很多，教你们一个小诀窍：你可以每天下班前捋一遍明天要做的工作任务，分条记录在你的工作日志上，从重到轻排列，第二天按照你的记录逐条完成，每完成一条，就画上一个对勾。这个过程，不但能激发你的工作动力和热情，而且也提升了你的工作效率。

《欢乐颂》中，谭总说过一句话："比起一味地刻苦努力，如何提升自己的工作实力与工作效率才是根本。"可以说，你的人生可以开发出多少宝藏，取决于你的做事效率。

08 真正的高手，主动工作，享受生活

孩子，我要求你读书用功，不是因为我要你跟别人比成绩，而是因为，我希望你将来会拥有选择的权利，选择有意义、有时间的工作，而不是被迫谋生。当你的工作在你心中有意义，你就有成就感。当你的工作给你时间，不剥夺你的生活，你就有尊严。成就感和尊严，给你快乐。

——龙应台《亲爱的安德烈》

关于工作与生活，应该如何取得平衡，高晓松有一句“名言”，叫作——生活不止眼前的苟且，还有诗与远方。现在有很多人将这句话当作了离职的理由，逃离北上广，去寻找诗和远方。而在我们的生活中，也会面临同样的选择，家人

需要我们陪伴，亲人需要我们照顾，当工作与生活出现冲突时，该如何平衡呢？工作和生活矛盾吗？真的只能择一而选吗？如果想要平衡工作和生活，那么平衡的点在哪里？

1. 有工作，才有面包

著名人本主义心理学家马斯洛，将人的需求划分为 5 个层次，即生理需求、安全需求、社交需求、尊重需求和自我实现需求。在这五个层次的需求中，“生理需求”是最基本的需求，也是第一需求。生理需求，简单来说，就是面包，是每个人都离不开的物质基础。而工作就是提供面包，提供这些最基本的物质需求。

同时，马斯洛还提出除了生理需求外的其他更高需求，就是我们首先要活着，接下来就是如何活得更好，这同样需要工作。不管是精神享受，还是自我提升，追求极致幸福都要通过工作去实现。

工作的重要性，远不止于此，还具有标签的意义。比如，我的一个学员，毕业于斯坦福大学，任职于世界某顶级咨询公司，这是她的社会标签。也就是说，工作除了提供物质需求，对芸芸众生的我们而言还会体现一个人的社会属性。这个标签，也是人的身份属性、价值属性，它决定你的自身价值，你人生路上的爱情、婚姻都受到你的工作的深远影响。由此不难看出工作的必要性。

“经济基础决定上层建筑”，有了物质基础，才能满足上层建筑的需求，也才能更好地生活。

2. 生活是你的“桃源”

近几年来，颇流行一个词，叫作“极简主义”，其理念是“less is more”，通过极简的方式达到减掉繁复和束缚，获得自由，享受生活的目的。但是社会的浮躁气氛，让人很难体会到极简主义的真意，误认为极简生活就是抛弃物质的欲望，在减掉对物质的追求时，也减掉了生活中的快乐。其实极简是一种生活方式，最终目的是减掉生活中繁复的部分，从而让生活更快乐。比如，结束了一天疲惫的工作之后，回到家，关上电脑，关闭商务邮箱，安静地泡上一壶茶，放着轻音乐，好好感受生活。

生活的重要性还在于自由性，跳出工作的束缚。裴多菲曾说：“生命诚可贵，爱情价更高；若为自由故，二者皆可抛。”这无疑说出了生活中自由所扮演的角色。生活的重要性，不只在于诗与远方，更在于你可以不为眼前的苟且所胁迫，勇敢而大胆地选择诗与远方。简而言之，生活的重要性在于选择权，可以自由选择的权利。

我们希望跳出循规蹈矩的繁复，踏入自己的生活，可以有闲暇的时光做自己感兴趣的事情，在这个闲暇的时光中，创造快乐，感受快乐。唯有在这种自由和空闲的时光，才会让人更放松，让神经得以松弛，心灵得到按摩。

3. 主动工作，才能享受生活

特斯拉的创始人埃隆·马斯克就曾经反问过采访他的记者："很多人说我是工作狂，那一周应该抽出多少时间来工作，多少时间来约会和生活，才算合适呢？"这个问题虽然是马斯克反问记者的，但是仔细推敲一下，不得不说，这值得每个人深入思考，我们到底应该抽出多少时间来工作，多少时间来生活呢？工作很重要，生活也很重要，但是一定要在其中找一个可以量化的平衡点，似乎很难。

有人说，工作狂是一种病，类似于上瘾机制一样。一门心思扑在工作上，会侵蚀到生活。可是殊不知，有很多工作狂并没有被生活所胁迫。

这个世界上大部分时间充裕的人，却不太富有；足够富有的人，似乎又没有多少时间去娱乐和享受生活。来一场说走就走的旅行，谈何容易？普通上班族来了一场说走就走的旅行，回来后还是要面对积压的工作和待处理的事务。如果走之前你能安排好自己的生活，你不在的时候一切都可以照常进行，回来后你也可以从容面对，这时候你才有说走就走的资本。

我的一位好友，刚入职场时，没有不加班的时候，经常为了项目加班到凌晨两三点，毕业后仅仅五年就和很多大咖合作过，制作过很多行业知名的产品，现在她反倒自由多了。别人生孩子，还需要坚持去上班，她生孩子，就在家里休息了两三年，通过和下属沟通安排，一点也没有耽误工作。我认识的那些毕业几年就坐上副总裁、总经理职位的优秀人士，都是刻苦努力过，才获得了一些可以选择的自由。

总而言之，在这个激流勇进的时代，在这个最坏的时代，也是最好的时代，你只有努力过，未来才有资格说“我要工作和生活平衡”。

第二章

情商修炼：
不委屈自己，也不伤害别人

01　你的无能为力，来自对工作的恐惧

命运害怕勇敢的人，而专去欺负胆小鬼。

——塞涅卡

前几天，我们的产品经理因为项目进度问题被领导狠狠地批评了。

这位产品经理本来要制作3个小产品放在某个即将上市的平台上，但是他并没有如期完成，其间也没有和领导沟通项目的进度，而领导却以为项目在如期进行着。直到临近期限时领导还没有看到产品，询问之下，了解到情况时就发怒了。虽然这位产品经理平时工作很认真，但这件事确实是产品经理做错了。我们从这件事可以看出几个问题：

一是工作不透明的问题。很多人每天都在忙工作，但是

没有工作计划，没有围绕某些重要的工作目标来开展和安排工作，而且没有及时和领导沟通，项目处在什么阶段，遇到什么问题，没有及时汇总展示，领导得不到工作反馈，不知道项目进展的状况。

二是上下级目标不一致问题。上下级对工作目标理解有偏差，比如，上级领导的部门KPI可能是实现整体流量增长，但是员工的理解可能是只要做好内容策划就行，这样就忽略了平台扩展。

这两个问题可以归结为，与领导缺少沟通，喜欢自己闷头干，等到领导发掘问题后，再去临时调整。这其实是很糟糕的工作方式。

很多人之所以会出现这种状况，其实涉及几个职场恐惧问题。

1. 害怕和领导沟通

很多人担心和领导沟通讲错话，会给领导留下不好的印象或者没有升职的希望，这是职场最常见的第一大误区。想要得到对方的欣赏，我们需要琢磨下对方的心理。职场中，公司领导其实都是希望部门效益得到提升的。只要你有能力提升部门效益，他当然愿意培养你，并让你升职或加薪。老板或者领导也都是普通人，只要你的想法经过前期调研或自己思考后确实会创造价值，领导在他没那么忙的时候也是乐意和你沟通的。多与领导沟通，表达你希望做好工作，得到他指点的意愿，他是不会拒之门外的。

要注意的是，你要带着备好的几套方案去找你的上级，让他来选择。如果你的想法没有经过自己的思考，或者你还不了解这个市场，不了解这个行业，那么还是不要急于表现自己的大想法，不然有可能会让领导觉得你有点欠缺职场经验。比如，之前我认识的一位产品经理，在还没有做过市场分析、用户调研的情况下，强行要改产品的定位和方向，导致团队做了数次无用功。加上这位产品经理平时也没有和自己的领导沟通好，最后以被迫离职草草收场。

2. 害怕 KPI 的压力

虽然很多人都因为有压力感而不喜欢 KPI，但是 KPI 既是压力也是动力。很多时候它是你升职加薪的必备。

我的一个学妹，刚入职场是个十足的傻白甜，经常因为工作漏洞，或者跨部门沟通问题，让领导不满，于是她遇到难题，就会选择离职，裸辞的情况数不胜数。因为她毕业于某知名院校，入职后去的是名企，加上人又聪明，所以刚开始裸辞后还是能找到工作的。但是毕业快5年了，她依然保持这样的状态，就不那么走运了，后来找工作就没那么容易了，猎头也开始提醒她，再这样下去她的履历就毁了。

后来，经过几个月的面试，她终于又去了一家比较厉害的公司。因为前几个月的待业生活和消极心态，让她习惯了无所事事的状态，所以刚去的时候，主管就发现了她的问题。好在这个主管是她的学姐，所以决定带带她，给她分配了一个项目，并告诉她，如果3个月后项目不能上线，数据不能提升30%，就可以自动申请离职了。这位学妹很焦虑，终于意识到找工作的不易，并且开始有意识地提升自己。她开始研究市场和竞争对手，不断地想方案并找其他产品经理帮她一起来完善。

当她觉得项目没问题可以进入开发时，却发现没有可配合的开发人员。因为开发同事都想跟着好的项目来做，她是一个新人，刚开始几个月看上去普普通通，所以她的项目没人肯接。经过努力沟通，一位开发经理答应给她分派两个开发人员，但这两个人即将离职。要离职的人大都不太好沟通，为了项目她天天去和这两个开发人员对进度，一个月过去了，产品上线，项目数据比预期超额增长了3倍以上。不鸣则已，一鸣惊人，因为这次业绩，公司所有人都知道她了。董事长在公司会议上也点名表扬了这个项目。学妹依靠这个项目拿到了更多的项目机会，并知道了项目数据一定要晒出来，在全公司公开透明。从此以后，这位学妹在职场上就像开挂一样，从产品经理到高级产品经理再到产品总监，两年的时间从年薪20万元增长到了60万元。从那以后，她发现了职场的乐趣，就是要像升级打怪一样，挑战自己，完成目标。

这是一个很成功的职场案例。其实我们不必担心KPI的压力，人是一个弹簧，长期松懈的状态会让自己越来越颓废，当有外界的压力时会让自己处于紧绷状态，反弹力量也会随之增大，你的潜力都是在压力中释放出来的。因此，正确对待工作中的压力，把挑战自己当作升级打怪，一步步打赢每一个“小怪”、每一个敌人，你就能走上王者之路。

3. 工作重心和领导预期（或战略）不一致

当你的工作重心和领导预期不一致时，也会让你的努力和辛苦付出得不到领导的认可。我之前有个朋友，管理着10多人的团队，公司的领导也有让她监管其他部门的意图。但是这位朋友不管三七二十一，带着团队出了方案，就埋头干，既没有和领导报备并详细沟通，也没有去了解这个部门在公司战略中的地位。所以，她辛辛苦苦带着团队干了快半年，也没有得到老板的嘉奖，反而被责备，因为她的团队做的事情对于公司全局来说是没有多大意义的，后来，她的这个部门就交给了空降的领导来管理。从此，这位朋友便觉得带团队吃力不讨好，转而去走技术专家的发展路线了。由此可见，工作重心和领导预期保持一致是多么重要。

4. 追求安逸和稳定

我曾面试过一个有 BAT 工作经验的人，那个人在前家公司工作了快十年了，但是一直以来她就只负责一个工具的某个小功能。她拿着名企的履历出来找工作，却没有人愿意要她，不是因为她的性别，也不是年龄，而是她十年来都没有可以拿出来说的项目，没有拿得出手的数据。从雇佣人的角度来说，她的性价比真的太低了。曾经有人说过“一万小时定律”，说坚持一万个小时做某件事，你就能成为专家，其实是错的。一万个小时的工作，如果你没有思考过，没有在其间突破，你永远不可能成为专家。伴随着时间的流逝，你会逐渐被社会淘汰，或者继续着缺乏高价值的基础工作。我也见过一些人，在某个行业干好多年，但还是和毕业生的薪水差不多。一旦老板给他提要求，他就再三推辞，最后辞职回家，也难再找到工作。

事实上，对于不给你定 KPI 的领导，或者让你好好待着的领导，不是真的对你好，而是在“温水煮青蛙”，等你反应过来，你已经很难跳起来了。

02　能掌控情绪的人，才能掌控人生

有时候，负面情绪会突然排山倒海地汹涌而至，似乎要把你湮没，千万不要试图阻挡这些情绪，这样反而会让你备受煎熬。正确的做法是，坦然接受这些情绪所携带的能量，利用它来强化求生的决心。

——贝尔·格里尔斯《荒野求生》

随着社会的发展，生活节奏的加快，各种压力频频向我们袭来，这时，稍有不如意，我们难免会有些情绪。那么带着情绪走入职场，对工作会有影响吗？

无论是初入职场的新人，还是在职场摸爬滚打多年的职场老手，多多少少都会有情绪难以平复的时刻。即使本来心情很好，复杂的工作环境，突如其来的突发状况，也会不经

意间让情绪变差。在这些负面情绪的作用下，工作难免消极，似乎任何微不足道的小事都能打击到自己。当人处在逆境的时候，情绪会变得不稳定，工作处理得又不顺利，最后你的情绪就会全面失控。这时候，由此产生的绝望感、无力感，会对工作带来十分消极的影响。

所以，常常看到各类文章里说如何管理负面情绪，如何让负面情绪不影响工作，甚至有人认为理性地控制负面情绪来适应工作是一种好的选择。殊不知，人在情绪爆发的情况下，头脑一片空白，理性会被感性替代，这时想控制情绪是非常难的。

那么当负面情绪来临的时候，又无心工作，我们应该怎么做呢?

1. 利用你的情绪

我们这里说的情绪，更多指的是负面情绪。负面情绪也有它的正面意义和价值。

正确面对负面情绪，不是简单地去压抑它。每次压抑情绪，都会加大情绪的反弹力度。就像扫地，把垃圾从客厅扫到厨房，不是垃圾不存在了，而是堆积在了厨房，并且越积越多。所以，压抑情绪不仅无法赶走负面情绪，反而会让你的负面情绪越积越多。

适当的负面情绪会使人集中注意力。在漫长的人类进化过程中，当面对外界的威胁和自然灾害时，人会出现紧张、恐惧等情绪，这些情绪会提醒大脑集中注意力，做出准备来躲避危险。而现代，我们遭遇野兽袭击的概率很小，但这种预警机制仍然在起作用。尤其是当你在工作中有压力的时候，它会让你集中注意力去处理问题。适当的紧迫或者不舒适感，会提升你对工作中问题的重视程度，从而专注其中，克服困难。所以说，负面情绪还有可能会让你在工作中表现得更加出色。

当我们在工作中遇到问题时，一般来说，需要客观分析问题的形成原因和解决难点，然后有针对地去解决问题。当你让自己冷静下来去解决问题时，负面情绪就会逐渐消解。换句话来说，产生负面情绪，可能与问题亟待解决而未解决有关。所以，在这里，给大家介绍一个处理问题的小方法。

当面对困难和逆境的时候，我通常使用的一种方法是，快速明确我对于这件事的目标，并分析我要达成目标要做的事情。比如，如果我的产品经理因为没有按照流程来做项目，导致项目没能达到预期，我首先要做的是找到补救的方案，接下来，我会调查没有按流程执行的原因，是流程不合理，还是执行人员的问题，然后根据不同的原因，再用相对应的方案去解决问题。

合理利用我们的负面情绪，不是简单地将负面情绪消灭殆尽。俗话说“解铃还须系铃人”，要想将负面情绪进行有效消化，我们需要先探究一下负面情绪的来源以及如何疏导负面情绪。

负面情绪的存在并不可怕，可怕的是未得到及时的疏解，反而将负面情绪堆积或者压抑起来，最后这些负面的情绪像一座随时会爆发的火山，稍微有一点外力的刺激，便会瞬间引爆。与其等待情绪的爆发，不如找到情绪发生的来源，将其疏解。

2. 及时疏解负面情绪

在疏解情绪之前，要先学会用“3W 原则”来对情绪进行管理。什么是 3W 原则呢？即 what——是什么，why——为什么，how——怎么办。

是什么：我现在是哪一种情绪？愤怒、怨恨，还是焦虑？了解完是哪一种情绪，才能够正确对待情绪。

为什么：我为什么会有这种情绪？即寻找情绪的成因，是因为自己的原因，还是别人的原因？找到原因后，再去寻找解决问题的办法，通常这时，我们的负面情绪也会得到很大的平复，相比一开始也会感到清醒和理性许多。

怎么办：我应该怎么处理这一情绪？每个人都有自己不同的性格特征，所以我们需要针对自身的特点，找到一个适合的情绪疏导通道。比如，有的人有了负面情绪，会选择去做运动，通过运动后的舒畅感来排解被积蓄起来的情绪。当然，情绪的疏导还有很多种途径，无论选择哪种途径，都要做到及时排解，以免情绪的压抑和堆积。

此外，你还要学会去表达情绪。注意，表达情绪不是表现情绪。懂得表达情绪的人，会先和对方进行沟通，表达自己的感受。比如，我的一个学员然然，她工作有一年了，进现在这家公司后她迎来了一个职业小高峰，策划案经常被老板表扬，合作谈判都被老板叫上，她也越来越自信，工作劲头十足。但是当年和她一起入职的小伙伴，平时表现平平，现在却晋升为部门主管了，她有些委屈，不知道是自己哪里做得不好，还是过于表现引来领导的不满，因此变得非常焦虑，情绪低落，还因搞错了一个重要的合同险些丢了饭碗。后来在我们咨询师的疏导下，她主动跟那位部门主管交流，得知那个主管已经在职场打拼十几年了，早就积累了丰富的经验和能力，所以领导把部门交给她来带领。然然稍稍有些释怀后，她又跟老板表达了自己的想法，提出了自己对事业的看重以及自己职业发展的规划，老板告诉她，其实一直很看重她，本想再稳定一段时间，就提拔她为团队组长，这次合同出错后，决定再延长她学习提升的时间。然然经过反思发现，这一切都是因为，当负面情绪出现时，她没有及时表达出来，去寻找解决方法。

由此可以看出，及时疏解负面情绪的重要性。负面情绪的短期出现可以激励我们做出积极的结果反馈，但负面情绪的长期堆积会让我们误入弯路。

作为职场人，掌控好自己的情绪，才能掌控人生。

03　学会沟通技巧，胜过10倍努力

一个人必须知道该说什么，一个人必须知道什么时候说，一个人必须知道对谁说，一个人必须知道怎么说。

——彼得·德鲁克

互联网行业的人都知道，互联网的产品经理是无冕之王，你需要调动各方面的资源来完成项目，但是项目组的成员，比如，开发、测试、运营、运维等，大多都有自己的leader，产品经理需要组织他们一起做项目，但却不是他们的leader，这就需要产品经理有很强的协调能力和职场高情商。

一些低段位的产品经理经常会和开发团队说，现在时间来不及了，周末大家来加班，以便按时完成项目。这个时候

开发团队的同事心里就会不开心，想着好好的周末我为什么要来加班，项目完成了你可就立功了，我们辛辛苦苦的，大周末都不能休息，休息不好能写好代码吗？于是整个团队的气势就会变得低迷。

职场上的工作琐碎复杂，有的时候需要各部门之间的相互配合才能顺利完成，这其中的沟通与配合就是第一重要的任务。因为每个部门、每个人都有不同的想法与做法，你可以去说服别人，也可以为人所说服，你可以引导别人，也可以被别人引导，至于你要做哪一种人，就全看你的说服能力。说服能力强的人影响和改变他人，而说服能力弱的则只能被影响和改变。如果能够练就超强的说服能力，便能成为趋势的带动者而不是跟随者，便能掌握住自己的人生方向。

我们看到那些企业中能担任管理岗位的人或者情场中得意的人，除非天赋异禀，否则无一例外都有很高的情商，而情商高，就是说话能让人如沐春风。他们要求别人做事情，别人乐意而且还觉得他们值得信赖。其实，让别人按照你的想法来做事，并没有那么难。

我的朋友刘 sir 就是一个善于说服别人的人，他 26 岁就在国内顶尖的出版社出任总经理，29 岁做总裁，现在也是独立运作公司，估值已经好几千万了。他经常和我说，话一定要软着说，越是重要的谈话，话就要越软。

所谓话要软着说，就是不要只想着自己的利益，不要命令别人去做事，这样别人会觉得很不爽，就像之前说的那位产品经理一样，会让人觉得这个人太傲慢，只考虑自己，也就不会有人愿意同他交往和合作。

1. 切忌直来直去，不要张口就来、直接说出自己的想法

比如，之前的那位产品经理，一开始就说，大家周末来加班，完成项目。这就很让人反感。这也是很多人沟通中常见的错误，很多人在沟通时常常就是想到什么说什么，将自己的观点想法直接表达，却没有想过谈话对方的感受和反应。

2. 站在对方的角度去揣摩对方的想法

这里包含两种常用的方式——投其所好和儆其所恶。

也就是说，如果你想要说服对方，你需要了解，对方希望得到什么，对方希望事情的走向是怎么样的以及对方担心什么，害怕什么。

比如，刚才说到的产品经理，在职场中应该充分考虑到开发同事的利益，职场需要什么？需要被老板重视，需要升职加薪，需要拿奖金，考虑到这些后再做好交流沟通。

3. 用考虑对方利益的语言来沟通

比如，产品经理该怎么说服开发部门的同事来加班呢？

我会说：公司的领导都很重视这个项目的进度和每个人负责的内容，我们在项目开始的时候就抄送给领导了，根据我们之前的设计，这个项目上线后，数据会有大幅度提升，所以现在领导都很期待项目的进展。现在来看，项目因为之前出现的一些问题略有拖延，但是领导们还是希望我们能如期完成，而且这个季度的考核，我们也需要有成绩来支持评级，所以我想我们努力一下，希望大家周末能同我一起来加班，我会写加班申请邮件给领导们。等项目完成了，我们再申请调休。

在这次沟通中，充分考虑开发同事的利益：首先项目不是自己一个人的，项目成员的名单已经发给领导了，每个人负责什么领导都很清楚。第二，季度考核，我们需要好项目来拿奖金和评级。第三，我们一起加班，领导也知道，事后可以调休。这么说，比之前的效果就好了不止 10 倍。

在进行说服他人时，你可以多多尝试下面两种说服技巧。

1）互惠原则

这个原则是商业和情感中很重要的原则。公司聘用人才和人才选择公司就是互惠原则的展现，只有当这个人才的能力匹配公司重要岗位的时候，公司才会通过面试，发下 offer。而面试是个双向选择，人才也要考量公司许诺的薪酬、福利、升值空间和环境氛围等因素，来决定接不接这个 offer。因此，互惠原则在商业中被广泛运用。作为公司老板，想要聘到人才就要给人才足够的"惠"，人才想要进入心仪的公司就要给到公司足够的"利"。当你给到别人的"利"足够有说服力的时候，别人才会反馈给你相应的"惠"，如此，各项合作就是在这种原则下顺利实现的。

2）冷热水效应

这是我身边人经常用的一个技巧。在心理学上，有一个"冷热水效应"：假如有三杯水，一杯凉水，一杯温水，一杯热水，温水保持温度不变。先将手放在冷水中，再放到温水中，会感到温水热；先将手放在热水中，再放到温水中，会觉得温水凉。同一杯温水，为什么会给人带来两种不同的感觉？之所以出现这种情况，是因为人人内心都有一个标准，但是这个标准并不固定，会随着情况的变化而变化。所以，在人际交往中，要善于运用这种冷热水效应。如果先让对方尝尝“冷水”的滋味，就会使他心中的标准和期望降低，即使没有得到“热水”，也会为得到“温水”而感到满意。

比如，在项目组里，项目负责人有时候会用这样一个技巧，如果他期望项目完成的时间是周五，那他就会和项目组的人说，项目期望完成时间是周二。周二完成是一个很紧张的时间，几乎不可能完成，那他接下来就会说，我刚沟通了下，争取到了周三，这样大家都会松一口气。也就是先提一个比较苛刻的条件，再对该条件做出缓和，一般会比较容易让大家接受。

所以，令人舒服且有效的沟通，是我们进入职场要学会的最重要一课。

04　90% 的工作争执，都是升职契机

工作中真有了分歧，你和那边关上门怎么吵都没关系，但是绝不能当着下属的面争执。这是在逼着他们当场表态。他们选择任何一方，都会担心站错队祸及将来，刻意保持中立，又把你们两个都得罪。一次两次看不出恶果，时间长了就会人心涣散。

——舒仪《格子间女人》

一次，我接到好友的“追命连环 call”，她在电话里和我倾诉道：“气死我了！ Honey，你说为什么我会遇到这样的同事，我在国企、外企待了这么多年，从来没遇到这样的同事。简直无法沟通，不断起争执，推进项目的过程中还总有问题！”听着好友如连珠炮似的抱怨，我终于知道，原来

是因为项目和老板起了争执。

好友通过多年的努力，终于做到外企的中高层。然而留洋回来的同事，一直与好友合作不太顺利，最近接的项目牵扯了太多部门的利益，更是一直无法取得一致的意见，好友积累了满腹的怨气。我想，在职场中，我们避免不了这种争执局面的出现，一旦出现职场争执，我们该如何面对呢？Honey 姐这节就来聊聊在工作中的争执。

1. 起争执是好事

原因如下：

第一，争执也是沟通的一种方式。同事之间除了有工作关系，常常也和部门的利益相勾连，往往在一片祥和的状态下，很难将问题的本质说清楚，可能是担心说出来，伤害了某些部门或某些同事的利益，也可能是担心个人的观点和某些同事的观点有着重大的分歧，不便言说。而一旦起了争执，在争执的过程中，人会带有自己的情绪，情绪激动的时候，可以充分表达自己的观点。这时双方虽然看似情绪焦灼，但却是最有效地表达彼此观点、进行头脑风暴的时刻。经过争执后，双方交换过彼此观点，也明白对方的意图和需求，接下来就是围绕大家共同的目标，通过谈判，将项目顺利推进下去。

第二，争执不是吵架。在工作中，很多上班族害怕与同事争执，不管是因为工作还是其他原因，都尽量避免争执。这里存在一个误区，认为争执就是吵架。其实争执，只是就事论事，不是吵架。我们在争执一个观点，是为了让工作做得更好，而不是为了某一方获胜。

在理清楚争执的真正含义之后，我们再看争执这件事情，是不是不会再显得那么手足无措了呢？争执既然区别于吵架，那应该坚持哪些原则和内容才能保证争执的有效性呢？

2. 争执的原则和内容

原则一：既然你们因工作产生了争执，那就要保证你们的争执始终围绕问题，以解决问题为目的，而不是发展成私人恩怨，发泄情绪。即使你们私下真的有过节，也不要带入到工作中，这不仅浪费精力，而且会加剧你们的冲突。

原则二：我们虽然有争执，但不要把情绪带出办公室。纵使沟通中因为言语不当，或讨论的氛围紧张，这也只是为了工作，而不是针对某一个人，把情绪带入到其他的工作和生活领域，既没有必要，也会影响双方接下来在其他方面的协作，公司的工作氛围也会被破坏，造成其他不良影响。

原则三：你们虽然有争执，但不可以涉及人身攻击。涉及人身攻击的言论包括对人的外貌、品行、智力、个人偏好以及家人等进行不恰当的指责的任何词或言论。争执是为了让工作更高质量地完成，不要适得其反。

可是，人在情绪激动的情况下，难免会失控，一旦出现了超出工作范围的过激行为，我们应该如何处理呢？

3. 如何正确把握争执的度

我刚毕业的时候，就看见过程序员因为代码问题，争执过程中导致矛盾激化，全公司中见到的人都感到非常尴尬。

在工作中，如果双方情绪焦灼的时候，还各执己见，争论不休，争执的范围就已经超出工作的范畴了。这时要如何控制情绪，不让影响继续扩大呢？

1）要让自己冷静下来，及时停止矛盾激化

双方因为矛盾的激化，出现了涉及人身攻击的不当言论，这时候，不管对方说什么，你都会想以更激烈的方式顶回去，其实，这种自然反应似的回应，无异于火上浇油，最好的办法应该是沉默，用你的沉默，让彼此冷静下来，给双方一个重新思考的空间。

2）善意曲解对方

什么是善意曲解呢？善意曲解就是从善意的角度合理化对方的行为，为化解矛盾做铺垫，用我们常说的话就是给对方台阶下，缓和紧张的气氛。在双方为一件事争得面红耳赤的时候，其实心里除了气愤之外，也都能隐隐察觉到事态再发展下去对双方都不好。这个时候任何一方首先给对方台阶下，让大家都从之前的情境中走出来，可以迅速缓解紧张氛围。

3）学会换个角度看待问题

当和同事因为工作发生争执，僵持不下的时候，不妨换个角度，站在对方的立场上，来重新看待问题，体会对方的需求。当对方感觉到，你在试图站在他的角度去看待问题时，自然会放松情绪，对你的方案加以理解，对方也会更愿意和你合作。

在职场上，与领导、同事意见不合是难免的，因为工作问题争执也是正常的。只要你用合适的方式去处理问题，就能增进彼此之间的感情。

05　别把努力当你懒得思考的借口

我们这一辈子，总是要看到很多比自己优秀得多的人。如果你看到的总是比你差劲的人，那你就要反思一下自己的生活状态是不是不断地沉沦？如果你在前进的过程中，经常遭遇到让你望其项背的人，那么恭喜你啊，你是在不断的进步中。你会自卑，不过这种自卑是可以化成动力的。

——毕淑敏

婷婷毕业后进入某互联网公司做运营工作。她工作勤勤恳恳，每天都是早上来得最早，晚上回去得最晚。可是部门领导对她好像还不是那么满意，最近她来找我抱怨，说领导直接把她骂了一顿。

原来是近期公司新做了一个项目，团队在这个项目的策划和包装上都花费了非常大的精力，领导本人也非常看重这个项目，觉得这个产品一定能成为一个爆款，于是让婷婷去跟销售部交代，要重点推那个产品。

婷婷马上找到销售部同事，说领导要重点推这个产品，希望销售部同事帮忙配合。销售部同事表示没问题。婷婷就向领导回复，说销售部同事已经答应帮忙推荐了。

领导问婷婷，销售部打算怎么推呢？近期各个团队出的产品非常多，大家都有推荐资源的需求，销售部对接的是整个公司的各个团队，他们是怎么打算安排他们这个产品的？婷婷说自己马上去落实。

婷婷再次找到销售部同事，一起研究了近期销售部所有的推荐资源安排表，最后拿到了自己产品的推荐排期。婷婷再去和领导汇报，说已经拿到推荐排期了，时间、推荐位置以及资源的曝光量都搞定了。

领导又说他们的产品跟其他产品不同，问婷婷有没有跟销售部表示过这点。婷婷说之前跟销售部要求过要他们重点推。领导有点生气了，质问婷婷道，每个团队去找销售部，都说要重点推自己的产品，你怎么显示自己的需求和别人的不一样呢？所以，他们拿到的推荐排期，也只是个普通的排期。领导觉得那不过是一件小事，可婷婷三番五次地跑过去都解决不了，感觉婷婷就是个传话筒。

婷婷委屈极了。对于领导的每个指令，她觉得自己都完美地执行了，而且不怕辛苦不抱怨，想不到领导根本不认可。

婷婷上进肯学习，做事不抱怨，执行力满分。这样一个人为什么得不到领导的赏识呢？因为她没有去思考和领会领导要她做这件事情的真实意图。

其实当领导要她去找销售部重点推那个产品时，她要做的是除了拿到正常的资源排期外，还要和销售部的同事深入沟通，介绍他们产品的不同之处，询问销售部同事如何配合，才能争取到更多的资源。争取最大化的资源，这才是领导安排给婷婷这件工作的目的。

婷婷做事缺乏分析，不清楚领导的真正意图，因此她所做的努力在领导眼里都是无效努力。

在职场中，这样的例子太多了。同样是为领导写讲话稿。有的同事似乎永远写不完。我就问他讲话稿需要写那么多内容吗？他的回答是："领导说我写的东西不是他想要的。具体想要什么类型的，他也不说清楚。"我说："那你可以在写之前跟他沟通呀。"他又回答："哪有那么多时间啊，每次要的那么急，文案又这么多，马上开始写都不一定能写完呢！"

如果他能在写讲话稿之前，先问清楚领导的要求、目的和背景，希望达到什么效果，讲话稿是拿给什么人看的，对内还是对外，专业人士还是业余人士。写之前先列出大纲，给领导看，确定还有没有增加、减少或者修改，确定不会再改之后再动笔，最后完稿的时候通常跟领导的需求就差不多了。

我们太多人只是在做事，不是在解决问题。接到任务的第一反应就是赶紧开始干活，美其名曰执行力强，给别人和自己一种幻觉：我很努力，我很勤奋。其实这种努力不是以解决问题为导向的。忙忙碌碌却没有多少产出。错把受苦的体验当作努力的过程。

那么如何才能跳出无效努力的怪圈呢？

1. 别把手段当目标

现在生活压力这么大，每个人脑门上都恨不得贴上“努力、上进”的标签再出门。看到各大公众号说早起的种种好处，于是自己也跟着开始搞“作息时间大跃进”，却忽略了自己接下来的时间萎靡不振，工作效率极其低下的事实。很多人是为了早起而早起，看着别人做，自己也跟着去做，而没有去想这种方法适不适合自己。早起像健身一样，明明只是一种手段，却被有些人当成了目的本身。

要为目标付出更多时间和精力，你可以早起，也可以熬夜，还可以缩减你的社交娱乐时间，或者提高你的单位时间效率。而很多人做事前从不肯仔细想想原因，听说早起能成功，立马加入早起大军。我们做事不能人云亦云，接到任务后思考问题、认清目标才是问题的关键。这样可以避免很多无效努力。

2. 培养自己的结果导向思维

我们时刻要有把自己的努力和结果挂钩的意识。我曾听过这样一个故事：有一个人在路灯下找东西。路过的人问他，你在找什么呢？这个人说，我在找钥匙呢。路人就问，那你知道丢在哪里了吗？他说，知道啊，是在公园里丢的，但是这里光线要亮得多。

听起来可能觉得很可笑，但是很多时候，我们在做事时做着做着就很容易陷入这样的状况，看起来是在努力解决问题，其实是选择了一条容易的路，用表面上的忙碌来增强自己那可怜的自我价值感，同时是在掩盖和逃避自己的无能。

所以我们在努力的过程中，要时刻问问自己：“我努力的目标是什么？”“我目前手头所做的事情对解决问题是否有帮助？”如果一旦发现自己目前所做的事情偏离了最终的结果，要懂得及时止损，寻找新的解决方案。

职场上，真正动脑筋勤奋工作的人是凤毛麟角的。大部分人只是在假装勤奋工作，逃避真正的思考，从而陷入了无效努力的怪圈。

站在一个高的思维框架之上，更有利于我们做出好的决策，更有利于我们去提升对事情和问题的理解力，因此才会真正提高执行力。

06　越优秀的女人，越能看清自己的优势

我们要做聪明的人，做有智慧的人，有慈爱又肯诚实对人对己的勇者。就算天大的事情来了，也不逃避它，心平气和地为自己争取最合理的解决之道，不可以做一个弱者，凡是不顺心便跌倒的人是要被社会淘汰的，做一个有弹性的人，当是我们一生追求的目标。

——三毛

前不久，我们的一个学员玲玲和我分享了一件事情，她的一个同事张小姐，工作能力很强，多次被所在部门评为“优秀先进员工”，而且公司有意在年底将她升任为部门主管，这本来是一件好事情，却因为另一件好事情而泡了汤。张小

姐和男友相爱三年多，今年准备结婚了，多年相爱修成正果，大家纷纷对此表示祝福，就在这时，企业 HR 却和张小姐沟通并表明，“如果在一年内结婚，公司暂时将不考虑予以升职事宜。”这件事让同为女性的玲玲非常气愤，认为公司对女性有歧视，心中有诸多不快，向我大谈了心中的不悦。

要承认，在大众观念当中，女性员工势必因为需要在家庭和事业之间权衡，无法在事业上过于专注。企业更偏爱已婚已育的女性员工，因为她们更加“稳定”，我就听说过很多女性校友，在已婚已育之后反而深受猎头喜爱。不过，随着国家开放二胎政策，很多生完一个孩子的女性也纷纷中枪，似乎在整个职场，女性面对的“玻璃天花板”压得更低了。

对于这样的现状，我给的建议是：姑娘们，不要小看自己。面对现状，与其自怨自艾，不如看看自己有什么长处，并且把长处发挥到最大化。

所以，我听完玲玲的抱怨之后，反问她：“你觉得女性在职场中有优势吗？”她想了很久，回答我说：“这类女性遭受职场歧视的案例，近年来不少，我觉得女性在职场中劣势明显，想不出有什么职场优势。”

的确，女性遭受职场歧视的案例近年来并不少见，但女性在职场中真的是一个弱势群体吗？这个问题就见仁见智了，大家都知道，所谓“弱势”是相对而言的。因为生育问题可能会耽误工作；因为在体力上不如男性，可能会和一些工作机会失之交臂等，这些的确是女性相对于男性，在职场中的“劣势”。然而从另一个角度来说，女性也有一些相对于男性来说的职场优势，只是很多人包括女性群体在内大都没有发现而已。

女性在职场中的独特优势

最突出的一点，是细心。法国雕塑艺术家罗丹曾说过一句名言，“生活中要善于细心发现”。要论细心，女性在这方面占有很大优势，如果女性把这项优势发挥在职场中，不仅能提升自己的职场战斗力，还有可能顺便收获自己的爱情。

Honey 姐和大家分享一个案例，案例的主角是我们的学员米米。米米长得美，还特别能干，全力投入工作，坐到了总经理的位置。好多人都担心米米这么专注于工作，难免成为大龄剩女，没想到米米不动声色地交往到了一位优质男士。关于这位优质男士，米米跟我说：“我们一起合作办一个线下晚会，负责的部分不同，我这边负责的内容之一是线下物资的采购，本来已经定好了采购清单，后面又出现了一些变动，再次更改的时候时间已经很紧张了，所以我赶紧安排了手下员工去订购。我做事比较细，怕再出错，就在订购前又检查了一遍清单，果然有个地方出现了一处错误，于是马上去改。后来他知道了这件事，觉得我临危不乱又很细心，私下一起吃了几次饭……”在职场当中，不得不说，无论何时，细心都是女性与生俱来的加分项。

除了细心，女性在沟通上面的才华也是非常突出的，女性天生具有出色的沟通能力。英国曼彻斯特大学通过研究男性和女性的沟通方式发现：男性在一天中说的话要多于女性，但是他们在社交场合运用语言的能力要比女性差很多。研究人员杰弗里·比蒂说：“在社交场合，男性更可能只是为聊天而聊天，他们一般只是重复那些多余的、不包含任何新信息的礼节性语言。”女性则拥有优秀的沟通能力，她们在社交场合使用的语言更丰富。

良好的沟通能力——作为女性的优势之一，在职场中用得对，会达到事半功倍的效果。我有一个朋友是一家公司的创始人，她有一位下属，性格外向，伶牙俐齿，在工作中也是有什么说什么，心直口快。这种性格按道理说比较容易得罪人，但她的人缘在公司里却一直不错，问其原因，原来是这位下属虽然说话直接但非常善于沟通。工作中难免会与同事有一些摩擦，每次她都会及时进行沟通化解矛盾，久而久之，大家都很喜欢她，也愿意和她一起配合。领导最近还给她升职，让她做了商务负责人。

那么我们如何正确利用女性的职场优势为自己加分呢？

1. 要分对象

面对不同的对象，着重展示自己不同方面的女性职场优势。

比如，在面对上下级时，要更多地展示自己沟通的能力。美国加利福尼亚州立大学对企业内部沟通进行研究后得出了一个重要成果，这项成果称为“沟通的位差效应”。他们发现，来自领导层的信息只有 20% ~ 25% 能被下级知道并正确理解，而从下到上反馈的信息则不超过 10%。他们由此得出了一个结论：平等交流是企业有效沟通的保证。促进企业上下级间的平等交流，是为了让沟通更加高效，从而让企业的发展越来越好。由此可知，沟通能力的好坏对于一个企业的重要性。因此，在面对上下级的时候，要更注意展示你的沟通能力，从而更好地解决问题，提高工作效率。与此同时，也能让领导对你刮目相看，从而注意到你的工作表现和其他方面的能力。

2. 要分情境

不同的情境，应对方式不同，需要展示的女性职场优势也不同。

如果你是一家软件公司的市场总监，并且也是公司中层以上领导中的唯一一位女性，面对这种情况，你要如何发挥自己的女性职场优势，在男性居多的公司里，让大家喜欢你，愿意配合你的工作呢？答案是：生活上的细心。平时多观察，听听大家聊天的内容和话题。大致了解大家的基本喜好。在工作闲暇时间，和他们聊些私人话题，有些男士喜欢看球，可以聊聊最近的球赛，问问他看好哪一支球队？喜欢哪个球员？和男士们成为聊得来的工作伙伴后，自己的工作遇到难题，或需要配合的时候，很自然地就能够获得他们的帮助，从而更好地推进工作顺利进行。

如果在工作中和同事起了冲突，又要怎么做才能很好地化解冲突呢？黎巴嫩阿拉伯诗人纪伯伦在《沙与沫》中写道，“幽默感就是分寸感”。当你和办公室的男同事意见不一致时，先别急得脸红脖子粗，应该保持风度，保持微笑，与同事进行有效沟通。

在适当的时机加入适度的幽默，不仅可以化解僵局，还可以减轻双方的紧张和压力，从而更好地解决问题。

07 90%的女性高层管理者，都会借用男性思维

成长中所有遇到的问题，都是量身定做的。解决了，你就成为你这类人当中的幸存者。不解决，你永远也不知道自己可能成为谁。

——刘同《谁的青春不迷茫》

现在还是有不少人认为：女人在职场上的发展有很多局限，在很多工作中，尤其是高管层，女性的能力不如男性的能力强。在创办恋爱成长学会之前，我也曾经在职场中打拼多年，身边经常会有人讨论这样的问题："在职场中，女性是不是就是不如男性发展得好？"

我只能说工作能力不能以性别作为划分标准，每个人经

历不同、个性不同，每个人都是一个无法取代的独立个体。

我的一位好朋友，就是一位非常干练的企业高管，她不论是工作还是生活，都能够打理得有条不紊，即便工作再忙再累，也不会让自己的家庭受到冷落。我曾向她请教，如何将“职场丽人”与“贤惠主妇”这双重身份处理得如此之好。她的回答十分简单，那就是借鉴男性思维，为自己增色。

何为男性思维

一直以来有个说法，就是人的大脑分为左脑思维和右脑思维，左脑思维代表理性，也就是“雄性大脑”，而右脑思维代表感情，是“雌性思维”。曾有一项职场调查表明，拥有“雄性大脑”的男性比拥有“雌性大脑”的男性经济收益高，而拥有“雄性大脑”的女性比拥有“雌性大脑”的女性经济收益也高一些，这项研究还显示拥有“雄性大脑”的女性不仅在经济收入上略胜一筹，在社会的其他领域也是独领风骚，一点不比男性逊色。

那么，到底男性的思维方式和女性的思维方式有什么不同呢？如果只是简单地做个区别，那就是典型的男性思维往往更重视结果，而典型的女性思维看重过程。例如，在工作的过程中发生了一件令人不愉快的事情，男性考虑的往往是如何将工作推进下去，有效地完成手头的项目；而女性更多地将精力放在过程中发生的“小插曲”上，牵扯了更多的精力。

比如一场会议，作为下属向上司汇报工作，当下属侃侃而谈，十分投入的时候，上司忽然打断，这个时候，男性思维和女性思维的不同就显现了出来。

男性往往可以迅速分析上司的意思，与上司调整为同一频道。而女性可能会对还未陈述完的工作内容心心念念，无法果断地进入到下一个工作安排中。男性思维在处理事情的时候，不会拖泥带水，干净利落地应对是男性思维的优势。

第二个区别是男性思维更重视大局，女性思维更重视细节。许多女性认为自己在职场中受到了“性别歧视”，明明自己的学历、能力、经验一点也不差，但在竞争中，总是会输在“性别”上。其实这其中有一个认识上的小小“误差”，并非是因为性别上的差异，而是思维上的不同，令一些女性在职场中无法施展拳脚。

在公司管理的过程中，遇到了一些问题，老板要求尽快解决这些问题，但同时也不能耽误其他工作的进度。典型的男性思维会让人从大局着眼，整体考虑，宏观地看待目前问题出现的根源所在，尽可能地从源头开始解决。而女性则往往侧重于细微之处，从管理上反映出来的各种矛盾现象入手来解决问题，虽然也会有成效，但效果远不如从大方向着手来得好。

借鉴男性思维，实现职场升阶

有时候，姑娘们适当地学习男性思考问题的方式，就可以帮助自己换个角度，解决许多问题，使自己变得更加知性果断。

1. 用直截了当的“谈话术”，更好地应对应激状态

男性在处理突发事件时，往往能激发思维中应激的一面。所谓应激状态是指不论事情发生得有多突然，一个人都能在混乱中明确自己的目标，不论是要“息事宁人”，还是“得理不饶人”，只要目标明确了，就能不受外界的干扰，达到目的。

这点不论是在生活中，还是工作中都很受用，只要你拥有了强大的“谈话术”，不论是进攻还是防守，你都能够自如掌握。如果你是一名销售，当你与客户的谈判焦灼不下的时候，男性思维的这个优势，可以帮助你理清思绪，迅速找出问题的症结，并客观阐释。如果你无端被人找茬，这个优势也能让你在对方的咄咄逼人下理清事情发生的前因后果，找到动机，提出问题发展的走向等。

2. 理性处事，为自己升起一个保护罩

女性的思维特征是具体、注意细节、注重感受，所以很多姑娘总是在为人处世中表现得比较柔软。我曾经有一个同事，她个性很好，为人也很热情，不论对方是谁，三分钟就能和对方混熟，这是她的优势，但同时也是她的劣势。因为她的感性大过于理性，在面临许多公事公办的情形下，她无法摆正自己的位置。

男性的思维方式会更注重效率、成果以及距离。男性的思维优势在于冷静、客观。之前我提到的那位朋友，她既能够妥善处理家事，也能够得体地处理工作，做到公私分明。她不会要求客户为她做朋友应该做的事情，也不会要求家人

包容她工作上的麻烦。

正因为如此理性，她给自己的每一个领域都扣上了一个保护罩，让她的人生可以多轨并行，不会撞车。

08 真正厉害的人，都有这个共同点

你会突然发现自己变成了另外一个人，而你不再抗拒自己变了，只是会感叹：自己终于能平静接受这些变化了。你也不担心未来的自己是会更糟糕，好或不好，不是外界的问题，而是适应问题。你会知道自己的适应力和愈合力总比自己想象中要更强。

——刘同《你的孤独，虽败犹荣》

很多人都有玻璃心，比如，因为同事的一句话变得伤心，因为老板的一个眼神开始自责，大家也看过很多“鸡汤文”，那些抚慰心灵的句子，可能会一时宽慰你的心，但是等你下次再遇到这样的事情时，难免还会伤心和焦虑。那么如何应对玻璃心呢？

反脆弱

美国畅销书作家、前对冲基金经理塔勒布教授发现，有些脆弱的事物能从冲击中受益，当暴露在波动性、随机性、混乱和压力、风险和不确定性时，它们反而能茁壮成长和壮大。不过，因为没有合适的词语来形容脆弱的对立面，所以姑且叫它反脆弱性。什么是反脆弱？塔勒布教授认为，几乎所有的事物都可以分为三类：脆弱类、强韧类和反脆弱类。脆弱的事物喜欢平静的环境，反脆弱的事物在混乱中成长，强韧的事物并不太在意环境。简单来说，变化或不确定性会摧毁脆弱类事物，却会使反脆弱类获益，但不会对强韧类产生影响。

那么，如何区分脆弱类与反脆弱类？很简单，从随机事件或者一定冲击中获得的有利结果大于不利结果的，就是反脆弱的，反之则是脆弱的。作者引用神话来类比事物的三种特性：

脆弱性：用一根马鬃吊着的达摩克利斯之剑，看似一切平静，但难以抵抗任何风险，随时都有可能掉下来，杀死达摩克利斯；根据塔勒布教授的研究，脆弱的人，喜欢平静的环境，希望一切都按照自己的预期进行，如果稳定被打破，他们就会不安。而事实上，塔勒布也提到“越稳定，就越脆弱！”

强韧性：凤凰，每一次烈火中重生都以同样的姿态出现，堪称“打不死的小强”。

反脆弱性：九头蛇，每砍掉一个头，会新长出两个头，比原来更加强大。

迎接变化，摆脱玻璃心

我们生活的这个世界，随机性和不确定性是一直存在的。随机性是不可避免的，然而，由于人类天性中的喜欢安全感和确定性，因此绝大多数人都喜欢稳定，即使这个稳定只是大脑自我营造的假象。人们都喜欢稳定的工作，而事实是，某些工作可能看上去很稳定，但是未来也存在很大的不稳定性。比如 20 世纪 90 年代之前，在东北，很多人喜欢钢厂等重工业的单位，而 90 年代后，这些企业的很多员工都下岗了。因为下岗后不适应新的经济环境，所以很多人的生活都陷入了窘境。

不要害怕失去掌控感，要拥抱变化。在我们做企业的过程中，和身边一些上市企业前辈沟通学习中，我们也会再次深深感受到，人生唯一不变的只有变化，只有在变化中才能有提升和突破。变化可能会摧毁你，也可能会被你利用，让你变得更强。就像风能吹灭火苗，也会让火越来越旺一样。面对变化，我们该如何让其被我们所用，让我们越来越强呢？

1. 坦然面对压力，压力是人生的常态，去拥抱变化

塔勒布曾经借用米特拉达梯国王的故事来说明压力源的作用。

传说，小亚细亚本都国王米特拉达梯四世在其父被暗杀后东躲西藏，由于持续用药而摄入了尚不致命的有毒物质，竟练成了百毒不侵之身。

这点也可以在我们日常的职场中看到。我有两个同学，一个毕业后选择去了国企，工作清闲也稳定，另一个毕业后去了互联网公司，工作压力大，做的事情也杂。毕业快10年，国企的同学，依旧一个月拿不到1万元的薪水，看着周围同学都风生水起，做总监、总经理或者自己开公司当老板，自己想出来尝试却不知道如何入手。互联网的同学，兜兜转转换了好几个公司，现在在阿里巴巴做到了高级经理，年薪和股票加起来也过百万了，猎头也是天天骚扰她，问她换不换工作。想必，你们看到这里就已经懂得了迎接压力、拥抱变化对人生的重要意义了。

此外，“一万小时定律”也能证明迎接变化的重要性。这个概念是格拉德威尔在畅销书《异类》中提出的，现在已经成了很多人的座右铭。他认为，“只要经过一万小时的锤炼，任何人都能从平凡变成超凡”，可事实真的是这样吗？

在这里引入一个心理学知识，心理学家把人的知识和技能分为层层嵌套的三个圆形区域：最内一层是“舒适区”，是我们已经熟练掌握的各种技能；最外一层是“恐慌区”，是我们暂时无法学会的技能，二者中间则是“学习区”。而一个人如果想提高，一定要离开“舒适区”，进入到“学习区”。可是，当“学习区”的内容已经被我们熟练掌握后，这个“学习区”也成了“舒适区”，我们的“舒适区”会扩大，这个时候，我们需要再度跳出“舒适区”，进入下一个“学习区”。只有这样，我们才能不断成长、不断进步。

因此，格拉德威尔的这句话只说对了一半，要想成功，确实需要反反复复的练习。可是，如果我们停留在“舒适区”，仅仅是重复做我们早已熟练掌握的事情，我们会成为天才吗？

我们每天练习十以内加减法，会成为数学家吗？

我们每天弹奏“满天都是小星星”，会成为钢琴家吗？

我们每天做西红柿炒鸡蛋，会成为特级大厨吗？

我们每天砌砖盖房子，会成为建筑设计大师吗？

不会，我们顶多能成为一个砌砖很快的瓦匠。

所以，真正成为天才的方法，并不是简单地重复一万个小时。真正成为天才的方法，是一次又一次地走出舒适区，迎接更好的自己。

2. 从失败、犯错中学习

失败是成功之母，这句话不是没有道理。就像职场中的精英，一开始也是小菜鸟，也犯过很多错。就比如我之前在企业，也有过通宵写项目计划，第二天计划被领导否认的情况，也有过胸有成竹，但是项目结果不尽人意的情况。与别人不同的一点是，失败并不能让我一蹶不振，而是被我当成一次宝贵的经历，我会分析在这其中我所犯下的每一个错误。这些错误，这些曾经的绊脚石，都会成为我以后做事的垫脚石。

3. 和优秀的人在一起

我们想要成为什么样的人，就要和这样的人多待在一起。在职场中，我们也发现：优秀的人，和那些不思上进的人在一起久了，也会懈怠。积极的人，和消极抱怨的人在一起久了，也会变得爱抱怨。和优秀的人成为朋友、战友，才能让你成长加速，增强反脆弱力。

4. 有一颗感恩的心

人生有很多种可能，我们也不知道会面对什么，也许我们会遇到挫折，遇到刁难我们的人，遇到抛弃我们的人，遇到各种不可理喻的人等。抱怨咒骂解决不了任何问题，反而会让你白白受苦。而坦然面对，用感恩的心，感谢这段经历，感谢这些人在你还年轻的时候，教会你一些事，避免以后跌大跟头，是有必要的。

人体骨骼有一种规律：人体的骨骼如果长时间地接受外部的压力，就会增大骨密度和坚硬程度。这跟“杀不死你的，必将使你强大”是一个道理，事实上，很多高手都是在挫折与磨难中练成的。

第三章

职场格局：你的格局，注定你的结局

01 你的面试准备，决定你的职场发展

生命是短促的，然而尽管如此，人们还是有时间讲究礼仪。

——爱默生

现代社会竞争激烈，人才问题是个难题，尤其在北上广，更能感受到人才紧缺和找工作难的双重矛盾。一方面人事部门觉得很难招到合适的人才填补这个紧缺的职位；另一方面求职大军抱怨北上广的压力大，担心找不到心仪的工作。其实，能不能找到心仪的工作，并且拿到一份不错的薪水，跟你的面试准备有很大的关系。

四大面试误区

1. 只知道岗位，不了解公司情况，不了解行业情况

我的朋友曾经和我抱怨说："现在的年轻人来公司面试，用人部门面试过了，人力部门面试过了，见到我，连我们公司业务和基本情况都不了解，他们就是为了找一份工作，拿一份薪水而已，这样的人，如果是重要的岗位，我看了后是不会要的。"

对自己要接手的岗位、行业、公司的价值观不了解，一味冲着薪水去，很容易在老板面试的这一局被 PASS。

2. 过于自信，面试中懈怠沟通

我们公司平时也有很多招聘岗位，我们咨询师的负责人是一位美丽时尚的老师，她管理着公司几十个人的咨询师队伍。这位老师虽然经验丰富，但是她平时很喜欢把自己打扮得像个学生，比如，穿背带裤，扎马尾，不化妆。有一次，

她面试一个30多岁的面试者，这位面试者很喜欢我们公司，但是看见面试官好像是一个黄毛小丫头的时候，表现出来了不耐烦和轻视的态度，这就导致了这位面试者最终的失败。

在面试中，通常会有好几轮面试，面试你的人也许看上去比你小，或者不如你看上去那么有经验，但是如果你表现出来对她的不尊重，那么你很可能是无法通过面试的。因为考察面试者的沟通能力和同事相处的能力，也是一个很重要的指标。

还有一种情况是，同一个问题，人力部门问了，用人部门也会问一次，有的人就会表现得不耐烦了，这也是一种常见误区。因为面试的最终结果是几个面试者一起打分的结果，所以如果有一个人不同意，这次面试可能也就失败了。

我有一个师妹就是这样，她去BAT面试，前后3个面试官面试她，最终人力部门来面试她，因为已经面试几个小时了，她有点累，想着用人部门都对她挺满意的，人力部门这一关应该就是走走流程吧，于是她对人力部门提出的问题回答得都很没耐心，并表现出疲惫感。最后，虽然用人部门对她很满意，但是她依旧没有通过面试，被人力部门一票否决了。

3. 对自己的发展方向不明确，只是为了找工作

这种情况，高级职位一般都不会录取的。高级职位，公司管理层希望人员稳定，和自己有共同的目标，所以你的方向最好和公司的方向吻合。比如，你面试的公司主要是专注于文字内容，而你的发展期望是影视，那么面试官可能会担心你的稳定性和入职后的用心程度，因此很有可能会放弃你。

4. 有裸辞历史

对于裸辞的员工，公司通常都不太愿意录用。如果你在之前的公司裸辞过，很容易让面试者联想到你可能与同事、领导等相处糟糕，对自己的工作、对自己的人生缺乏责任感。因为对自己的人生有规划的人，对自己的职业发展也会有很好的规划。比如，我身边的很多朋友，刚入职场，就会考虑自己的发展方向，找到自己感兴趣的地方，然后找到和自己的方向、兴趣点吻合的一流公司或者飞速发展中的公司，即便他们离职也是因为有了更好的机会，更高的职位，并且这个机会和职位是符合自己职业规划的。他们不会遇到工作难题就辞职，不会因为有同事的刁难就离开，他们会遇到问题解决问题，在解决问题的过程中提升自己，成为更好的自己。

那如果我们想要面试成功，该如何准备呢？

你必须掌握的四大面试法则

1. 了解这个岗位的业内需求和你在这家公司的发展前景

以我们招聘产品经理这个岗位来举例，这个岗位职责是孵化我们的IP、为IP规划内容方向定位、策划IP的每一期内容等，岗位对应的KPI是IP节目的播放量、完播率和好评等。如果你要来面试这个岗位，你会怎么准备？

首先，你要知道产品经理的岗位要求，产品经理需要懂市场分析、用户分析、竞品分析，会做用户调研，会出产品策划案，会看数据，会根据数据做产品改进。如果你来面试，你就要问问你自己，这些你是否有做过，是否有拿得出手的项目，这个项目你是怎么策划的，你是怎么做前期分析的，产品在你负责期间，数据提升了多少？你做了什么让它获得提升？你走过的弯路有哪些？这些内容你都需要准备好，你的面试官也一定会问你这些内容。

其次，你要了解这个岗位在这个公司的具体职责。比如，我们公司这个产品经理的岗位针对的并不是网站也不是APP，针对的是人，是经验丰富的老师。那就需要你在面试前了解内容、音频、视频行业如何从人的角度去做起来。如果我们目前的阶段是侧重文字内容的输出，那么你需要知道内容出版相关的知识。做足了这些功课，加上你之前的工作又有拿得出手的数据，那你就有一定的胜算。

2. 总结自己之前的成绩，且该成绩和现在的岗位需求是相关的

我看过很多人的简历，大都在说我之前都干了什么，而没有说干得怎么样。而干得怎么样，恰恰才是你应该重点放在前面说的。我们看简历，对那些一上来就重点突出自己的项目数据情况的简历格外关注。比如，任职期间，某项目数据提升百分之多少。这些通常是要放在最前面来讲的。如果公司要招聘一个新媒体运营岗位，你的简历最好把你之前新媒体运营数据增长的情况放在最前面，比如，在你负责的这段时间，粉丝增加了多少人，点击率增加了百分之多少，转发量、收藏量增加了多少，这都是面试官最想要看到的。当然，对应这些数据，面试官也会问你是如何做到的，这些你都可以在家先准备好再去面试。

3. 了解公司的价值观

一个自身价值观和公司价值观不符合的人，即便面试通过，也很难在公司长期立足。价值观是个人的底线也是公司文化环境的根本，如果你自身的价值观和这家公司的价值观相差甚远，建议你趁早放弃这个选择，去寻找与自身价值观相符或相近的公司，才是明智之举。

4. 和每一个面试官都要沟通愉快

这个之前已经讲过了，既然是公司安排这几个人来面试，那么面试你的人都有否决你的权利，不要以为用人部门觉得你 OK，你就通过了面试。人力部门的面试官其实都会对你做考察，如果他们觉得你技术厉害，但是和人沟通不好，那也可能不会录用你。所以，不要轻视那些年龄比你小，看上去气质谈吐不如你的人，每个人都有自己擅长的东西，他们也有可能会决定你的去留。任何时候都要记得，让对方舒服，是最基本的礼貌。

最后，我还想提醒一遍，既然去面试，就是要拿下这个公司的 Offer，如果不了解这家公司就去面试，很多时候真的是在浪费自己的时间。所以，要么不去面试，既然选择面试这家公司，就要做好充足准备！

02 高端人士，都用 SWOT 方式做抉择

有觉与无感最大的不同，是人生的选择。选择创造，不选择保守；选择自由，不选择束缚；选择成长，不选择凋零……选择一切正向的，不选择一切负向的。选择所有提升的，不选择所有堕落的。我们此刻的心之所向，都会使我们改变航道，迈向解脱。

——林清玄《在云上》

人的一生中最难的不是熬过低谷，不是面对困难，而是面临选择。当下，我们面临着很多需要做选择的时刻，选择的正确与否甚至决定着我们未来的人生道路。站在人生的十字路口，很多人会犹豫，不知如何选择，甚至陷入

迷茫。于是，抱怨、踌躇、徘徊、等待。最终，苦恼、自卑、不进反退。

就在你苦恼徘徊的时候，10% 的人比你早一步选择了跳出去体验生活，结果有两种。第一种，选错后碰壁、失败、“头破血流”；第二种，选对后成功、吸收、进步。得到第一种结果的人吃到了比你苦涩万倍的果子，他当然不会停留在现在的深坑中，而是继续选择向前奔跑，或许前面还有无数更深的坑在等着他，但他就像一位行者，经历过九九八十一难，取到的是真经。这种人生体验非常可贵，在苦难中取得的真经，会帮助他在以后的道路中走得更加深沉。获取第二种结果的人，就是被第一种人发自内心地羡慕但不会嫉妒的人，因为他们运气实在太好。运气好固然重要，但是好运气都是留给有准备的人的。如果他没有足够的能力，好运气也会转瞬即逝。真正笑着走到最后的人，还是“盘子”足够大足够结实能够接住馅饼的人。

因此，不管是哪种结果，这些早一步出发的人，都会储下一笔比那 90% 的人多一些的人生财富。所以，不论你正在做什么事情，请不要犹豫，完善现在的自己，做比别人更多的事情，下比别人多 10% 的工夫，今天的你就比别人走快了一步。

也许会有人问，用什么方法可以快速做出正确的选择，比 90% 的人早一步实现“弯道超车”呢？

我推荐一个基本的分析和解决问题的方法——SWOT 分析法。SWOT 是四个英文单词的缩写：S（strengths）指优势，W（weaknesses）指劣势，O（opporturities）指机会，而 T（threats）指的是威胁。

SWOT 分析法是 20 世纪 80 年代初由美国旧金山大学的管理学教授韦里克提出，最初应用在企业战略制定、竞争对手分析等场合。SWOT 是个经典的分析工具，经久不衰的原因就在于简单明了。千万不要觉得 SWOT 只适合商业，我们人生中的很多烦恼，无论是在感情还是事业方面，都可以试着用 SWOT 分析。

很多姑娘都有选择困难症，最根本的原因在于自己深陷其中，不能跳出当下的复杂环境掌控全局，这时候最简单的分析方法，会带来最有效的解决方案。

第一，运用细致的 SWOT 分析法，会让人明确知道自己的个人优点和弱点在哪里，评估出具体的机会和威胁所在，从而对不同的职业选择进行取舍。

我有个表妹 Lily，是一名法学专业的大学生，品学兼优，快毕业时，有一家律师事务所和一个地方法院同时给她发了 Offer，Lily 不知道该选择哪一家，向我求助。于是我帮她用 SWOT 方法分析了一下：Lily 的强项在于非常细心，文字能力很强，一直是个好学生。弱项是她性格安静，有些腼腆。我对她说："其实和人唇枪舌剑，并不是你的强项，你的优势在于够细心，文字能力强。就这点来看，还是法院更适合。毕竟如果你选了去律师事务所做诉讼业务，就常常要与公检法打交道，对单打独斗的能力和口才的需求较高。" Lily 有自己的犹豫："毕竟律师事务所赚得多啊。家长和老师也都觉得法院才适合我，大家都觉得我是个乖乖女，只能端法院这种'铁饭碗'。其实我也是很努力的呀，好想证明给他们看看。"我继续帮她分析：SWOT 分析还包括威胁和机会两点，并不是说选择了法院就会一劳永逸，也没有必要为了证明给别人看就非要自曝短处。对 Lily 而言，不善与人打交道会为职业发展带来一些阻碍。毕竟走出了学校，就要承担工作当中的责任了。至于机会，Lily 一向细心，肯耐心钻研，法院工作接触的人广，能干的姑娘很容易吸引人，也许就会有人介绍高价值交往对象。

听我这么分析完，Lily 打消了顾虑，接受了法院的工作。工作之后 Lily 问了我很多如何提升沟通能力的问题，人也变得越来越开朗。过年时我和Lily见面，她说她马上要结婚了，笑着谢了我好几次，说未婚夫是托我的福找到的。原来Lily上班之后，表现一直很好，领导一直很器重她。有一次领导带她去开会，主办方领导觉得Lily待人接物大方得体，会后就介绍了自己的侄子给Lily。两个人郎才女貌，水到渠成就走到了一起。

第二，SWOT分析法不只适用于找工作，也很适合资深职场人，大家在考虑换工作换行业甚至创业的时候，都可以用SWOT分析法帮助思考，进而做出更适合自己的决定。

现在这个充满变化的时代，大家更应该认真地对待职业生涯。无论就职于大公司还是小公司，国有企业还是民营企业都要考虑去寻找更适合自己的职位。如果现在的岗位甚至行业并不适合你，继续在这个领域内谋生，可能会导致一连串的失败，时间长了会让你意志逐渐消沉，失去奋斗的激情。

Honey姐有个学员，找我来咨询的时候很焦虑。学员说自己是老师，老公就职于国企，两个人都很稳定，每天工作清闲，工资不算多，但也没什么负担。最近自己的老公提出想要辞职重新学习，换个行业。学员不理解自己的老公，一直吵着不同意。我建议学员用SWOT分析一下她老公目前的职业前景，她老公还不到30岁，优势在于能吃苦能沉下心做事，缺点则是心直口快，不是很擅长处理复杂的人际关系。国企的机会在于稳定，至于威胁呢，如果一直在人浮于事的环境当中消磨斗志，职业机会会非常少，上升空间有限。目前他们还没有孩子，等到有了孩子，按他们两个人目前的收入，养娃会有点吃紧，可能要沦为啃老一族。接下来我问学员，如果转行，她老公有没有什么职业规划。学员说她老公想参加职业培训进入IT行业，虽然起点不高，但IT行业起薪高发展好，等到有了一点职场积累，收入很快就能有大幅度增长。他已经比较了几家职业培训机构，选定了一家口碑不错的，只是要脱产半年，短期内要靠她养家。

在我看来，学员的老公对未来的规划已经比较完善，何况这个时候如果学员支持自己的老公，就算短期生活压力会增加，也仍然是对未来的一种投资。关键时刻能给老公一点支持，他就会感谢她的理解，会更珍惜自己的家庭。继续待在国企固然看似稳妥，但很容易消磨人的上进心甚至职业竞争力。

听了我的分析，学员打消了一些顾虑，选择支持自己的老公。后来她老公以优异的成绩从培训班毕业，进了一家美资创业公司。薪资和职业发展空间都有了空前的提升，他们的生活品质也比以前好了不少。

Honey 姐决定创业的时候，也是经过一番思考才做出了这个决定。在现在这个竞争激烈的社会，拥有一份挑战和乐趣并存、薪酬丰厚的职业是每个人的梦想，但并不是人人都能实现这一梦想。因此，为了让个人职业发展更具有竞争性，一定要花一些时间界定自己的个人优势和弱势，然后制定一份有策略的行动计划，务必保证有效地完成它，那么，你的前景将灿烂而辉煌！

第三，女性可以用 SWOT 分析法，来弥补自己逻辑分析能力的不足。

比如，计划一场旅行，就可以对旅行地点、周期、时间、费用等进行 SWOT 分析，选出旅行的最佳安排。再比如，健身锻炼，也可以根据自己的耐力、健康、强项、时间来做出一个整体规划，看看是应该选游泳还是跑步，瑜伽还是舞蹈。在生活中熟练地运用 SWOT 分析，可以帮我们看清和认识自己，快速做出有益于我们的选择。如果你在生活中遇到一些感觉比较复杂的没有头绪的烦心事，不妨运用 SWOT 原则来分析，理出一个清晰的脉络，给自己一个指导性的方向和解决思路。我们不必过于纠结，而是要让自己珍惜选择的权利，在选择当中决定自己的未来。

只有自己选择自己的人生方向，才会活得越来越精彩。

03 作为职场新人，能力不在嘴上

在沉默中努力，让成功自己发声。你知道你能做到，别人觉得你也许可以做到，那么，少废话，做到再说，其他的怨气都是虚妄。自己没有展露光芒，就不应该怪别人没有眼光。

——韩寒《我所理解的生活》

“老板，我跟这个项目的负责人沟通不来，他一直不回我，我能怎么办？”

“我不知道怎么回事啊，没人通知我。”

“这不归我管啊，我那边正在忙着做另一个项目。”

这些话通常都出自刚毕业初入职场的小白之口。

记得我与一位创业的朋友谈合作项目。中途朋友连续接了多通电话，我看他从淡定到厌烦，短短 10 分钟，已经脸色铁青了。这几个电话，都是同一个下属打来的。

“什么时候她能用心一点？！细节总是错，提醒多次也当耳旁风过，不到最后关头不知道事情的严重性！”

离开象牙塔，初入社会，职场新人都会有那么一段尴尬期，什么也不懂，什么也做不好，不甘心总是做一些无关紧要的琐事，却又无力独自承担重要的项目。

其实每一个职场上的领导者都是从最底层做起的，他们 5 年前很可能就是现在的你，他们现在的样子也有可能就是你 5 年后的样子。领导们是如何做到现在的地位的呢？作为一个带领着几百人的创业公司老板，我结合自己身边的职场成功者的经历，亲身总结了职场进阶的四步骤指南，希望对初入职场或者正在现在的工作中踌躇徘徊的你们有所帮助。

1. 拒绝“我不知道”的口头禅

“我不知道。”轻轻松松四个字，极大降低了上司对你的信任感，身边每天跟着一个一问三不知的下属，没有哪个领导受得了。

我的得力助手晴晴，总是能合理而有效地安排我的工作，在我抛出问题后，她能举一反三地解决掉与之相关联的所有问题，偶尔遇到她一时拿不准的事情，她也会说：“稍等，我马上想办法。”在我身边工作半年后，她便升任了部门主管，因为我觉得她完全有能力掌控更有难度的工作。

从思维角度分析，可以将职场新人分为两类。一类是成长型员工，一类是原地踏步型员工。成长型员工善于利用一切机会学习并有效地提升自己的工作能力，他们看重结果，同样也看重对一件事情的探索过程。原地踏步型员工则恰好相反，他们缺乏对具体事务的耐心和探究精神。所以，同样是职场新人，不同思维模式主导下的员工，职场发展孰好孰坏，不言而喻。一个人的职业生涯能取得多少成绩，要看他能顶住多少压力。掌控好你的工作，能对结果负责，就是职场新人要学会的第一步。

2. 尊重用户体验，具备起码的职业精神

工作中的每一处细节都体现出职业精神，这是尊重上司、客户，更是尊重自己的事业的表现。邮件的格式是否正式、为上司制作的 PPT 是否专业等，这些工作中不起眼的小事，都是在考验你是否具备起码的职业精神，是否能将工作做到

位。凡事多想一步，就会比别人走得更远。

上文提到的我这位创业朋友第一份工作是老板秘书，刚进公司时，只是做端茶倒水、打印文件的琐碎工作，但她从没有抱怨和懈怠，而是尽自己能力做到最好。一次，老板出国一个月，回公司后发现自己的办公室竟然一尘不染，桌上还有最新的报纸和杂志，看到这种令人耳目一新的工作结果，老板对朋友十分肯定，进而赋予了她更加重要的工作。

具备起码的职业精神，把自己的工作做到极致，你一丝不苟的工作态度会回报你对事业的真心追求。

3. 先做人，再做事，格局决定高度

"我只是负责 XXX 的，这些不归我管啊。"这样的员工不管能力如何出众，也不会达到一定的高度，因为她给自己设了限。不想当将军的士兵不是好士兵，不追求卓越的员工必然只能做一个普通员工。

职场新人尤其是这样，很多人在职业生涯的初期并不能明确自己的发展方向，只是安安稳稳地把自己局限于案头零碎的简单工作中，这时候有一小部分人的格局比同龄者稍微大些，他们尝试多个方向开拓思路，用最小的时间成本选定

自己精进的方向，这一小部分人打败了剩下的员工，三五年后成为公司的重要带头人。

如果想要在职场中有所进取，仅仅做好自己的本职工作是远远不够的，一位前辈曾经教导我，“如果你想要在职场中站得更高，就要跳出雇员的范围对待工作”。

人就是这样的，目标设定得很低，完成起来会很容易，但会缺失奋斗过程中的充实感。很多时候，一些人无法在职场上取得满意的成就，只是因为他们对自己的要求不够高，不够严格。

优米网创始人王利芬说过：“一个人能否成才取决于许多因素，但归结起来不外乎四点，第一，自己的目标设定；第二，努力程度；第三，努力的方法；第四，对各种艰难困苦的承受能力。无论你的起点有多么低，只要在这四点上下功夫，人生总会不一样。”

经典电影《阿甘正传》里面有一句台词：“人生就像巧克力，不到最后一刻，你永远也不会知道下一口是什么滋味。”不论是生活，还是工作，正是因为未来充满了无限的可能性，才让人们倾情投入。尤其是女人，在职场努力工作，努力打拼，除了保障自己的财务自由，实现职业理想之外，更重要的是创造自身的价值。

工作是职场人安身立命之本，你有多少投入，就会有多少产出。无论是“北上广”这样的一线城市还是家乡的三四线城市，就业压力都在逐年增大，但其实，无论大环境怎样，职业上升通道从来都没有变窄，机会一直属于有准备的人。

04　让你与众不同的，是“向上管理”的能力

很多年轻人问我应当如何得到上司的赏识。我说：做到这一点并不难。首先，你要了解你上司对你的期望。其次，你要在达到他对你期望的同时稍稍超出他的期望，这样他就一定会赏识你。

——蒋巍巍《向上管理》

在我职场奋斗和创业做公司的过程中，遇见过各种各样的职场人。有人去年还是个实习生，今年就当上总监，开始带团队；有人刚毕业两年就成为国内顶级内容公司的副总裁；有人毕业 5 年就成为公司估值十几个亿的老板；有人兢兢业业工作，却在总监职位上无法再晋升；也有人混迹职场十几年还在做基础工作。细细想来，其中的差别就在于是否能做

好自我管理和向上管理。

通常我们认为管理是一种自上而下的行为过程，殊不知，占公司绝大多数的基层和中层员工更需要学习管理的艺术，这种管理叫“向上管理”。能做好向上管理的员工不必在上级的每日看管下工作，可以获得更多的职场机会，并且他的领导可能成为他们升职加薪的助力，而不是阻力。

据企业管理专家盖勒普的调查，75% 的员工离职都是因为没有处理好与上司的关系。因此，向上管理是个人发展、团队绩效、组织稳定，甚至是企业核心竞争力的关键因素。但是很多员工都会畏惧上级权威，害怕和上级打交道，害怕万一沟通不当，不仅责罚难逃，严重时甚至会丢掉工作，因而在工作中很少进行或从未进行过向上管理。这也是我刚开始工作时存在的问题，那么我在之后的职场中是如何做的呢？如何从员工到自己创业管理公司呢？我也很乐意把我的经验毫无保留地告诉大家，希望对大家有帮助。

首先大家要知道，你的领导也有他需要完成的工作目标，他也有工作压力，要让他支持你的工作，那么核心是让领导觉得你是他的助力，让他相信你是来支持他，来辅助他出色完成部门工作目标的。你们需要“共赢”。

我们先来看看普通职场人在与领导的“切磋”中经常会

犯的错误。

1. 你的工作内容努力方向和上级的目标有偏差，不能及时和上级沟通工作目标

这是你根本没有机会做到向上管理的一个重要原因。比如，你的上级要你做粉丝增长，你却给他做品牌形象，那么到考核的时候你很可能不及格，当你的工作都不合格的时候，你能得到的只是被管理，还谈不上有机会向上管理。

2. 直线思维否定上司

无论是职场还是生活中，直接否定别人都是不应该的，面对你的上级，更不要直接去否定他。

你要知道，一个人能成为你的上司，一定有过人之处，千万不要被一些上级的表象迷惑了，我见过一些领导生活中不拘小节，或有一颗童心的，长着娃娃脸，但是你只要有机会去了解他们，他们的能力肯定不会差，总有一方面有着过人之处。另外，上级掌握的信息一般会比普通员工要多，做决策思考的角度也不同于普通员工，上司一般希望决策带来的效果更全面、长效，哪怕暂时牺牲某个部门的利益，只要利于整个公司的长久发展，都会选择保全大局。如果你的领导不是公司的一把手，那么他的决策很可能是大老板的决定，这个出发点可能是普通员工更加不知道的了。所以，不要直接否定你上司的决策。

3. 私下矛盾公开化

这也是职场的大忌，不管是对自己的上级还是同事，都不要犯这样的错，不然你很可能永远得不到升迁，因为会给人的感觉是你肚量太小、不成熟。不知道大家还记不记得《欢乐颂》里那个“乱拳打死老师傅”的邱莹莹？在公开场合将个人恩怨公开、揭对方短处，看似成功地羞辱了对方，让对方尴尬且无言辩驳，实际对公司和个人发展没有一点好处，也不利于矛盾的解决，偏离了争论的初衷。

4. 情绪化

情绪化是职场和情商的大忌，有不少人，在职场中因为不被理解或者付出没有得到认可，就找同事诉苦，发朋友圈发泄情绪，想要获得安慰，这样的行为也是很让你减分的，试想哪个领导敢和一个动不动就情绪崩溃，到处说职场工作不满意的人走太近呢？如果他和你走太近，物以类聚可能会让他的平级、领导觉得他也有这样的问题。领导和你刻意保持距离时，就意味着你在他这里是没有机会升迁的。

5. 工作没有计划、分不清主次

我们在职场中很多时候不是居其位谋其事，而是谋其事你才有可能去居其位。正常情况下，领导给你加工作量，一方面可能是因为他觉得你的工作量不够，一方面可能是他想要你承担更多责任，有意培养你，未来好提拔你。对于他交给你的任务，如果你完全没有计划，做出来的结果和过程没有条理，每项任务都没有达到他的预期且没有合理的解释，那么你很可能会被继续留在原位上，得不到升迁。

6. 逃避责任

承上所述，对于自己负责的项目，上级交代的任务没有完成好，但是却不承担责任，不为结果设想解决办法，甚至是把结果归结到时间不够、其他人做得不好等方面，这是职场大忌。记得我刚入职场的时候，我的职场导师就和我说过，所有的错都是你自己的错，怨不得别人。不同的选择，不同的沟通方式、行为方式所产生的结果就会完全不一样。职场是很公平的，你能扛多大的责任，能把多大的事情做好，你就能管理多少人，拿到多少待遇。

我的一个负责课程的下属就是一个勇于承担责任的正面典型。有一次，某位老师在编写课程时出现延误，导致在上线前3天未能调整好，而我们“恋爱成长学会”的目标是全力服务好学员，把我们的知识、咨询总结和干货技巧毫无保留地教给学员，希望每一个学员在老师的引导下都能获得幸福美满。因为要赶时间，我们临时决定换人写，而老师们的时间都不富裕。这位课程负责人就主动请缨，把这节课重新整理了出来，并且获得了学员们的一致好评。她勇于承担责任的精神也赢得了众人的称赞。

事实证明，当你能承担越来越多的职责的时候，也就是你职场晋升的开始，人与人之间的差距也是在这样不同的做事态度中拉开的。

用好“向上管理”能力

当你能做好本职工作的时候,你就可以开始向上管理了,向上管理就是让你的领导在你负责的领域能够听你的,你要做什么他能成为你的助力,帮助你去实现。

大家要记住一点,向上或者向下管理实际上就是上级与下级间互换价值和期望,统一目标,这样不仅能“双赢”,还能提高整个团队的绩效,维护组织稳定,优化企业核心竞争力,实现“多赢”。要想掌握向上管理的核心秘诀,你需要做到:

1. 了解你的上司和他的目标

项目工作开展前,你要和你的上司沟通你们的目标、希望达到的效果,并了解到哪些情况是他不希望出现的,然后列出你的工作计划、时间节点的安排,明确你要做哪些事情,需要哪些人来配合,让他对你的工作有宏观上的了解,清楚你所做的每一件工作。而你也要在每个事件节点及时向他反馈项目情况，然后再进行下一步动作。

2. 做好每一个项目

你在职场中需要明白，职场不是投资，是不能投机的。“路遥知马力，日久见人心。”你有多努力，你做了哪些工作，你的能力大小都会在时间中表现出来。如果你做的努力不够，即使你每次周会的时候费尽心思表现，那些身经百战、能被提拔上去的领导也一眼就能辨认。想要做好向上管理，你需要做的是，你的项目不要让他操心，你要做的事情符合他的目标，他才不会在你的工作计划里插手，并能及时调配资源给你支持。

3. 让领导知道你想要认真工作，努力做好决策的决心，在关键时间点你会站出来承担结果并积极找到解决办法

这点可以在日常工作中透露给你的上级，这样你的领导才敢放心用你。一个不敢对结果负责的人，在每次出现问题时总要领导出面解决，这应该是领导最不愿意看到的局面了。

4. 和领导保持良好的关系

很多人都害怕和领导打交道，其实不用这样，领导只不过比你早混职场几年，或者比你更懂职场规则，所以成了你的领导。作为领导，他也需要朋友，需要忠心的下属拥护，那样他才能坐稳自己的位置，得到升迁。所以他也是希望有人能支持他的。如果你不知道怎么和领导相处，你可以先从每天的寒暄入手，从认真的工作态度，认真做好手中的每一件事，并且和他保持积极沟通开始。当然，每次你找领导汇报工作，要言之有物，不要让他看到你做事不成熟的那一面，否则印象一旦形成就难改了。

总之，成为领导信任的员工，能对自己的工作结果负责，在领导问到你的工作之前给出超出他预期的计划，你就离自主地去开展工作不远了。一分耕耘一分收获，职场要想走得远，没有捷径，我身边很多职场大咖都是经历过大大小小的困境磨砺的，最后大都能在各自领域取得或大或小的成功。

想要职场混得好，要学会换位思考，思考你的领导想要什么，你如何做才能获得他的认可，这样你才有机会被他赏识和提拔。

05　认清这点，把你的价值最大化

> 快乐工作的十个方法：①把工作当成一种享受；②把工作当成一种体验；③培养良好的人际关系；④注重工作计划，做到有条不紊；⑤不要把工作想复杂，从最简单的开始做；⑥一次做好一件事情；⑦细心品味每一个进步；⑧眼光要放远；⑨劳逸结合，张弛有度，最佳的工作状态是“忙里偷闲，闲中吃紧”；⑩把你对工作的感受写出来或说出来。
>
> ——安东尼·罗宾

个人能力与人脉关系相比哪个更重要？

一次，我们的咨询师接到一位学员的职场咨询，这位咨询师在茶水间遇到我的时候，就询问了我的意见。事情是这样的：

这位学员和老师说：“我从美国的一所名校毕业，学的是金融专业，我在学校的成绩优秀，毕业回国后，也很顺利地进入了银行工作。在银行的新人入职考核中，我的成绩是第一，方案策划是第一，甚至PPT的制作、演讲，我都是第一……通过这些表现，您也可以了解到我的工作能力。可是，如今我的业务出色，业绩优秀，却始终在原来的位置上默默无闻，而和我同期入职的同事，已经连续三次获得晋升了，今天是第四次晋升加薪的机会，可是，我又落选了，我现在非常沮丧，怀疑工作也怀疑自己，我应该怎么办呢？”

学员的能力毋庸置疑，工作业绩也非常出色，但迟迟得不到晋升，这是什么原因呢？也许你会觉得是领导的问题，那问题就来了，为什么其他人可以得到晋升呢？难道得到晋升的同事都能力不够吗？说到这里，我们不得不来聊一聊，除了工作能力之外，还有什么是影响工作晋升的因素呢？比如人脉资源，就是所谓的关系。在工作中，能力重要，还是关系重要呢？

关系比你想象的重要

我们走出校园，步入职场，不仅是从学生到职场人的身份转变，还有所处环境的转变。在社会环境中，人们通过分工协作产生连接，每个人都有自己的专长，同时也有自己的短板，我们在相互需求、共同协作的过程中形成了一个人际网络，每个人都是网络中的一环。数学领域有个猜想，叫作“六度分割理论”，主要是说，随着互联网的高速发展，社交网络已经形成了一张联系紧密的人际网络，每个人只要通过 6 个人便可能接触到任何你想认识的人，所以这一理论又被称作“六度人脉”理论。不夸张地说，通过 6 个相关联的人，你可以和你最喜欢的偶像产生联系。

我们所熟悉的公司，本身就是人们进行分工协作的一种组织形式，公司内部每个人都各司其职，公司对外同样也有各种合作在开展。任何人想单凭个人的力量就做出卓越成就，都是非常困难的事情。事实上，每一位成功者背后，都有一群为他的成功添砖加瓦、产生作用的人。当今社会，我们都希望遇到能力、资源与需求相匹配的人，这其中能力只是一部分，资源也是很重要的。因此管理者往往需要一个多面手来担当，他未必是某个领域最顶尖的那一个，但他一定有整合各类资源，组织大家协同作战的能力。

举个例子，一位技术娴熟的工程师，因为业务能力出色被提拔到了管理者的位置，如果他缺乏管理者应有的素质，公司不仅得不到合格的管理者，还会失去一位优秀的高级工程师。

在职场，如果没有好的团队协作能力，没有团队的支持，会遇到哪些问题和瓶颈呢？

首先是晋升加薪方面。像一开始提到的那位学员，个人能力出众，却迟迟得不到晋升，原因就出在协作的意识上。这位学员虽然能力出众，却只专注于自己的业务，很少参与集体活动，也不屑于和同事讨论工作。殊不知，她在无意中已经失去了很多提升人际关系技能的机会，同时也降低了别人与她进行协作的意愿。我经常和公司的小伙伴们说，我们遇到问题，如果不知道怎么解决，可以发起一个会议或一场小型的讨论，让大家来一起帮你想办法。当然会议的邀请人员，也是有所选择的，你要挑选那些对这方面熟悉、有经验，并且目标一致的人来帮助你，利用集体的智慧来提供一些你想不到的解决方案。每个人都有陷入思维误区的时候，往往一场集体的头脑风暴可以有效地帮你打开思路。

最重要的就是错失机会。我们很多朋友都看过《欢乐颂》，里面有个人见人爱的“鬼精灵”——曲筱绡。曲筱绡没有很高的文凭，能力也比较一般，却可以把生意做好，这是为什么呢？关系！曲筱绡在剧中非常善于利用资源，利用安迪的高智商获得了第一桶金；利用和樊胜美的关系，获得王柏川的提前供货，拿到订单。试想一下，假如剧中的曲筱绡，即便有钱，却不认识身边这帮朋友，她的第一桶金和合作伙伴也就不会来得这么顺利。

在商业中也是这样，很多资源你现在可能没有，但是你的朋友，你朋友的朋友可能恰好有你需要的资源，而你也能为他提供相匹配的帮助，所以，在职场上管理好你的人脉资源至关重要。

那么，我们应该如何搭建关系网络，管理我们的人脉资源呢？——跨界，突破舒适区。

每个人都有自己的舒适区，在你擅长的领域做你擅长的事情就属于你的舒适区。那些认为只要自身能力强就可以搞定一切的人，多半是不善于与他人建立联系的人，所以在工作中遇到自己不擅长的领域就很难解决。

想要与他人建立连接，就要尝试着去跨界，跨出自己习惯的舒适区。比如，在我们的生活中，很多人长期通过互联网和其他人建立连接，但是在现实生活里，与他人说句话都会不好意思，希望能自己来的尽量不麻烦别人，那些自己做不来的就搁置，总而言之，坚决不与他人发生关系。只因为，害怕与他人接触，不知该怎么和他人相处。这样的人，想要在职场上有长远发展，就一定要寻求自我突破。那么具体该怎样建立关系，突破舒适区呢？

1. 寻找机会，迈出第一步

当你想要与别人建立关系时，要寻找适当的机会，比如，同事们在休息时间讨论娱乐八卦，即使与自己无关，也可以去听一听，虽然不感兴趣，但是抽离出自己的世界，看看其他人的所思所想，无形中增加了谈资，也有助于你融入其中，形成一层工作之外的私人关系。长此以往，当你需要帮助的时候，自然不必担心不好向同事开口。

2. 会聊天，会衬托

总有学员来问我们：“老师，这个领域我不熟悉，我怎么和朋友或者同事聊呢？”其实聊天是有很多技巧的，并不是你需要有很多的知识才可以和别人交谈。想让别人喜欢和你聊天，很多时候你要学会引导别人多说，这里教你一个小技巧——利用别人话里的关键字，去延续谈话。更多的聊天技巧在这里就不多赘述了，大家可以多看一些关于如何与人沟通的书，比如，由我们恋爱成长学会联合出版的《所谓情商高，就是会说话：日常生活版》一书也讲了很多沟通方面的技巧，大家可以参考学习。

3. 不要求一步登天，给自己订立小目标

任何事情，都不是一蹴而就的，欲速则不达。所以，建立关系，也要一步一步来。从点滴的日常小事做起，主动去和别人发生联系，比如，当同事需要帮助的时候，主动去帮一下；当遇到问题时，可以主动去和同事讨论解决，也许同事的观点不如你，但至少让同事知道你的想法，慢慢同事会更加认可你的能力，而你的努力领导也看在眼里，再加上你的能力超群，升职加薪，怎可能没有你？

走出舒适区，与他人建立关系，让身边人成为你晋升的助力。

06　比努力更重要的，是升级你的思维方式

我们读书时，是别人在代替我们思想，我们只不过重复他的思想活动的过程而已，犹如儿童启蒙习字时，用笔按照教师以铅笔所写的笔画依样画葫芦一般。我们的思想活动在读书时被免除了一大部分。因此，我们暂不自行思索而拿书来读时，会觉得很轻松，然而在读书时，我们的头脑实际上成为别人思想的运动场了。所以，读书愈多，或整天沉浸读书的人，虽然可借以休养精神，但他的思维能力必将渐次丧失，此犹如时常骑马的人步行能力必定较差，道理相同。

——叔本华

创业以来，我们公司也有不少应届毕业生加入，他们朝气蓬勃，行动力强，让我常常感觉动力十足，颇有干劲。不过，虽然冲劲十足，但是这些刚刚毕业走入职场的新人，有时难免会带着一些学生的思维方式做事，让人有些无奈。在公司培训后，我常常要和他们好好地磨合一段时间，才可以顺利而愉快地将项目推进下去。因此，我总结了一下学生思维的特点以及这些思维方式在职场发展上的危害。

学生思维的特点剖析

1. 勤奋努力

勤奋努力，乍看起来似乎是很值得鼓励和肯定的事情，我们中国也早有古语——“勤能补拙是良训”。作为职场新人，多勤奋努力一些，不是很好吗？可问题是，职场新人的这种勤奋努力，不是真的勤奋努力，而是看起来勤奋努力，方法却不得当，这样不仅工作效率低，而且做事也常常不得要领，工作成果自然也不是很好。

为何会产生这样的现象呢？仔细想想，在学校，学生的第一要务是学习成绩，是分数，任何科目的考试只要你平时勤奋努力，再加上考试之前的“临阵磨枪”，基本都可以拿到不错的成绩。一句话，只要勤奋努力了，就可以取得好的成绩。可是，工作却不如此尽然，纵然你看上去勤奋努力，可是上司要你做的工作，你却没有把握好关键点，即使工作再努力，结果仍是徒劳无功。比如，我以前的两位助理，都是名校的毕业生，一个总能把事情处理得很好，另一个做事总是不尽如人意。前者每次都能理解我想要什么，然后自己去处理项目问题，在需要我支持协调资源的时候才会来找我；后者看上去踏实努力，每天工作加班加点，但是我每次和他说项目，他都是没有明白就开始干，导致项目做得很差，得不到大家期望的结果。

2. 缺乏独立思考

说到缺乏独立思考的能力，刚刚毕业走入职场的新人的确有这个通病。在学校时，每次下课，学生们都希望抓住老师多问几个问题，让自己掌握的知识更多一点。顺着这种思维，在工作中遇到问题时，他们自然是喜欢经常问上司、问前辈，但却缺乏独立思考的能力。

说到这里，就要谈谈我现在的助理Lisa。Lisa现在工作如鱼得水，是我们公司的得力干将。但她刚来公司的时候，也是一个非常不喜欢思考的人。刚进入公司时，她对工作不是很熟悉，遇到问题要么来找我，要么会请教前辈。久而久之，Lisa把它当成了一种习惯，遇到问题从不思考，直接来问。到后来，我发现她如果不问，基本上都不敢开始她的工作。直到她再次向我问出类似的问题和具体操作时，我终于忍不住发火，"你要学会独立思考，拿到任务后，明确这个任务的目的，再想想你该怎么做，需要哪些人的支持，你可以把方案给我看一次，但我希望几次以后，你能独立开始工作，只向我汇报结果！"

Lisa自此恍然大悟，不仅勤于思考，问的问题也颇有质量。直到现在，她真的能独当一面，成为不可或缺的人才。

3. 听吩咐

首先来说一个概念，听吩咐可不是听话哦！而是职场人只会呆板听指挥，不会主动做事的习惯。在学校里，学生们做题目、写论文、交作业，都是听老师的吩咐。什么时候老师一声令下，学生们把作业齐齐上交。带着这种思维，在工作中，很多新人也是如此，老板或者上司布置了任务，就动手去做，没有布置任务，就一副无所事事的状态，刷刷微信，看看微博，到点下班。

在工作中，不会有人事无巨细地告诉你要去做什么，应该做什么。作为新人，对自己的职责范围应该有一个相对清晰的了解，主动去完成职责范围内的工作。如果你怀着无吩咐便无所事事的心态工作时，不仅无法在工作中提升自己的能力，也会让自己慢慢被职场淘汰。

说了许多你应该规避的学生思维，那么从学习转到工作，从输入转到输出，你需要具备什么样的思维呢？

升级你的职场思维

工作通常与企业和老板有着密不可分的联系，同样，职场思维也与企业思维、老板思维有着重要的关系。

1. 企业要什么

于企业而言，业务和绩效无疑是衡量工作质量的重要指标。一家企业在招人时，通常会给出所招岗位的清晰职责，这样员工也会对所负责的工作有了清晰的定位。

企业不是学校，没有义务给你补课。所以快速学习，迅速成长，积极投入到工作当中，才是你应该做的。对工作专注，做事干净利落、不拖泥带水，提升工作质量，加强自身的业务能力，才是企业对于新人最大的需求。

2. 管理者要什么

作为管理人员，需要的是下属的工作效率和完成工作的质量，需要下属在最短的时间内提供最优质的工作成果。作为职场新人，你必须要学会主动做事，独立思考，努力提升自己的工作效率和完成工作的质量。当然，作为新人，假如犯了错误，要大胆承认，不找借口，勇于改正，积极思考，下次绝不再犯。

积极、有效地去努力，每一个职场新人终会变成企业不可或缺的人才。

07 优秀的人，都是这样汇报工作的

没有下属的主动汇报工作，就没有领导对下属的信任。汇报工作是我们作为下级永远也逃不过的一项任务。一般来说，跟领导汇报工作，可以总结为四个字：来龙去脉。要让领导了解这件事的来源，还要让他知道这件事你跟他汇报后，结果会怎样。

——刘仕祥《直击人心》

提到汇报工作，你想到的是什么呢？汇报前，打个腹稿？然后把话说清楚？其实并不完全是这样的。

有一个学员曾给我留言说："Honey 姐，明天我就要进行试用期转正考核了，可是我今天的汇报让老板很不满意。"一问才知道，我的这位学员，兢兢业业，加班加点，忙了半

个月的工作报告，兴冲冲地去跟老板汇报工作，结果汇报结束后，不仅没得到老板的表扬，反而让老板很不满。什么原因呢？学员委屈地告诉我："老板说，我做的这些内容，很早之前，我的上司已经完成了。而我需要做的是，通过调研和查阅相关文献，将这些数据精确化，并提供可靠依据，以及翔实的调查方法。而我做的这些，是在告诉老板，我完全没明白他要我做的是什么！"

学员所给的结果，并不是老板想要的结果。虽然学员在极其努力并认真地做事，可是，他努力的方向跑偏了。

那么该怎么解决汇报工作的问题呢？

1. 明白老板的意图

很多职场新人都会有这样的烦恼：虽然老板给自己安排任务了，但是过后发现并没有真正听明白，又不敢再去找老板问清楚，只能一知半解地去做。其实，要想听明白老板的意图，很简单——好记性不如烂笔头。当老板在给你布置任务的时候，你不要只是听，要边听边做笔记，以免当时记得很清楚，过后就忘了。而当你听不懂或一知半解的时候，要有针对性地向老板提出来。最后上司将一件工作交代完，你也听懂的时候，才可以和老板说“好”或者“没问题”。

同时，要注意的是，接下来的事情，要分清主次，分清轻重缓急。因为你的老板，每天布置无数个任务，有时会记不清楚，哪个时间节点要哪份报告，所以作为员工，先主后次，先重后轻地去处理你的工作，不但让你省时省力，更能应付老板突然心血来潮找你要结果的状况。清楚这些之后，我们才能谈到努力和认真。所以，清楚做什么事，比努力认真做事更重要。

2. 满足老板的需求

不知道你有没有遇到过这种情况，你的工作做完后拿给老板看，老板略扫几眼，便觉得一无是处，要求重新返工。为什么呢？这时你应该停下来反思，仔细思考一下，你做的工作，是否领会错了老板意图？必要时需要找老板沟通一下。这一点犹如一句恋爱俗语，什么是恋人匹配度？简单说，“对方想要香蕉，恰好你给了对方一只香蕉”，这就叫匹配。相反，“老板要一只香蕉，结果你给了一个苹果”，这显然是不匹配的。苹果和香蕉的区别，就是你做的工作与老板要你做的工作之间的区别。

3. 执行

听懂了老板要我做的工作，我也没有领会错老板的意图，是不是就要埋头苦干了呢？当然不是！埋头苦干仍然是二八定律中的 80%，我们要将工作做得卓越，成为二八定律中的 20%，在执行过程中，记得找老板汇报。当然，在工作过程中的汇报，通常我们称之为沟通。与老板沟通的益处，在于避免工作过程中可能遇到的一些问题，确认你应该做的工作，不越俎代庖，不重复工作。

要成为 20% 的卓越者，就要摒弃这样的思想：执行过程中，由于害怕上司提出修改意见和新想法，而忽略与上司沟通。那在执行过程中，怎样与上司沟通呢？比如，“领导，有件事情我想向您请示一下，关于 XX 项目我已经将前两个部分完成了，现在遇到了一点问题，不知道怎么推进比较好？”如果上司有意见，可能会说：“我认为 XXX 比较好，不知道妥不妥当。”这样就是一个在执行过程中，与老板良好的沟通过程。

4. 汇报

听懂老板要你做的，你也做好了执行，接下来才是汇报。这里要谈到两点，在给老板汇报工作时，首先要注意的是——汇报工作，既要谈过去，也要谈未来。

在给老板汇报时，不但要汇报你做过的，同时也要在你开展下一步的工作之前，提前和老板进行一次工作上的沟通。比如，“老板，我的工作已经完成了以上内容，您看还有什么需要修改或添加的吗？”这时，老板看到你积极主动的样子，大概会说，“你完成得很好，我没有什么意见，继续推进吧。”这时，你抱着积极的心态继续推进工作，就能做到事半功倍。

除此之外，还有一类工作汇报是年度工作汇报。这是典型总结性的工作汇报，这种总结性的工作汇报也要回顾过去，展望未来。

比如，我们所做的总结性的工作汇报，一般都是，我们过去做过了什么；到目前为止，工作进行到了哪一步；结果是如何如何……这一切都是已经发生，属于过去式的内容。这就是我们汇报工作的“基本款”或是“必备款”。除此之外，在总结性的工作汇报中，还要展望未来，展望和预期这个项目和本年度工作的未来走势。

给大家一个小小的模板。比如，我作为恋爱成长学会的老板，要给董事会汇报我们上半年度的销售业绩。我会这样说："各位董事，目前我们的销售业绩已经达到了XX，根据我们现在手中所掌握的学员数量以及学员所反映的情况，预计我们下半年的销售数字可以达到XX，学员数量可以增加XX……"

既然是要汇报，为何还要展望未来呢？因为我们能提出和大家不一样的，提出对工作的未来发展走势的预测，不仅能展现出我们对工作的认真负责，更能显示出我们对这个项目有宏观把握的意识。但在汇报时要注意一点——避免啰唆。做过的事情，不要添枝加叶地描述一番，只要汇报结果就可以了。

注意，在汇报工作时，仍要记录。

因为在你汇报工作的过程中，老板可能随时打断你的汇报，提出疑问，或者布置新的工作，交代需要完成工作的时间节点等，以上全部都是需要你记录下来的。

同时，你要针对老板提出的问题，以及给出的相关的建议，做一个反馈，需要让老板知道，你接收到了他的意见，并且愿意去修正你的方案。这样做，还因为，将老板的话再重复一遍，进一步确认工作，可以给上司一种感觉，就是踏出这间会议室，你会立刻积极投入到工作中去。具体如何反馈呢？比如，你可以说，“老板，谢谢您的意见和建议，根据您刚刚谈到的一些具体的工作指示，接下来我会去做好 ××× 这几项工作，除此之外，您看，还有需要补充的吗？”

这样的反馈一方面可以表现出你对工作的清晰理解，一方面能说明你是一个重视实干的人。以上，就是一个完美的汇报工作流程。

汇报好你的工作，是职场升级的第一步。

08 别让职位眼界，限定了你的职场格局

你的对手每年都在更换，你的伙伴也是。你的收入每年都在增加，你的消费也是。你的眼界每年都在加宽，你行走的步伐也是。你越怕别人让你失望，你就越怕自己让别人失望。有一类人，有自己的个性，想独立，有挣脱社会引力的欲望，却必须背负压力勒青全身的伤。谁都无法脱离“守恒”的规律，我们自觉越来越成熟，不过是越来越不在乎。盔甲再厚也无用，伤疤硬实才能防身。

——刘同《你的孤独，虽败犹荣》

在咨询工作中遇到过这样的问题：

“Honey 姐，为什么我的工作能力很好，在工作中基本

没有犯过错误，现在已三十岁了，可是事业上却平平。入职三年，终于当上了小组长，又熬了两年，终于当上了组长。可是之后一直只有加薪，却没有升职。现在是既无升职，又无加薪，特别苦恼！Honey 姐，能帮我分析一下吗？”

听到学员的问题，虽然不是很具体，但也可以略知一二，即这位学员在职业生涯中遇到了瓶颈。这节我们就来聊聊职位的局限性。谈到职位的局限性，还是要先从自身出发。

1. 确定自己的技能

在职业定位中的第一步是认清自己。很多人，走入职场，获得第一份工作的途径，可能是校招，也可能是海投。那么简历就是一个用来向公司展示自己技能的载体。这里不谈简历格式对于面试机会提升的问题，单从简历内容来讲，一份写满奖项的简历，想必都会吸引 HR 们的眼球，让人更愿意多了解你一些。对于简历上每一行你写下的技能，它在你内心的熟练程度又是多少呢？你是真的“擅长”那些技能还是仅仅“会做”？这个只有你自己最了解，也是你最真实的能力。

除此之外，你还要学会横向对比，弄清楚你在同行中的位置。毕竟每个人在智力水平、教育背景、勤奋程度等各方面的起点不同，势必会有类似的正态分布，而我们要做的就是了解自己目前在职场中的位置，通过不断学习，努力提升自己的竞争力，争取成为那少数的高端人才。总之，弄清楚自己的真实水平和实力，对于职业发展来说是至关重要的第一步。

清楚了自己的能力后，还要搞清楚公司的状况。每个公司在所属的行业也会对应一个位置。有的公司说自己是“某行业领导者”，有的说是“某领域开创者”，有的说是“top3的公司”，有的说是“独角兽公司”。然而，我们需要透过这些表面的口号，看清楚一个公司的真实状况，才能搞明白这家公司在行业的大概位置。你可以通过多个维度，如公司的专利数、营业额、净利润、业界口碑等进行考量，对一个公司形成客观的判断。一家公司在行业内的位置证明了这家公司的实力，而你自己对于公司的价值，恰恰体现在你能为公司创造的效益。所以，当你明确了自己的核心技能，你就能找到努力的方向。

2. 站在公司和领导的角度思考问题

公司一般分为大公司和中小型公司，大公司一般层级多，权责分明，制度规范，但在处理事情时需要复杂的流程，效率较低，这样的公司更需要在某一个方面非常熟练的专才。而中小型公司一般层级少，权责交叉，制度也不健全，但灵活性高，执行效率高，这样的公司需要多面手。

了解了这些公司的管理架构，还需要了解你的直属领导和上一级领导的处事方式。一个公司的领导之所以坐上领导的位置，肯定有他的过人之处的，所以你要了解你的领导在哪些方面是有过人之处的，要认真观察体悟和学习，在工作中日益进取。当你的领导看到你的进步时，他也会深感欣慰的。所谓“金无足赤，人无完人”，就算是高高在上的领导，也有他的短板，但是你要懂得“看破不说破”，如果对于工作没有重大的影响，那就学会慢慢理解你的领导。

在职场上，我们不可避免地会遇到困难或者不公，有时候会觉得领导解决问题的方式对自己不公平，这时先不要急着怨天尤人，愤愤不平，不妨换位思考，把自己放在领导的位子上，从全局的角度出发考虑问题。毕竟，领导大多数的决定，都是为了公司的全局做出的选择，而不会事无巨细地考虑每一个人的感受。知己知彼之后，我们就要看看“己”和“彼”是否相匹配，也就是自己的观念是否与公司的观念相契合。

3. 在职场中奋进

职场是你很重要的一块阵地。职场中的奋进，能让你获得金钱上的回报，扩大圈子、眼界等。职场中的基础员工和职场中担任管理岗位的总监、经理、副总裁、总裁等管理层人员，考虑的问题和接触的人都是不一样的。俗话说“站得高，看得远”，当你所处的位置高了，你才能看到不一样的世界。

就拿我的闺蜜小书来举例子吧，她刚毕业的时候，在公司是一位普通员工，接触的人也就是和她一样的基础员工，平时考虑的是任务怎么做，产品怎么设计，怎么和其他部门的人做好沟通。现在，她担任总经理，和她打交道的也是各公司的高层，甚至是老板，她考虑的是部门该如何排兵布阵，公司的发展方向该如何设定，重点的资源要投入到哪里去，如何才能让公司保持稳定发展，让大家都能进步提升。

明确自己的核心技能，站在公司和领导的角度考虑问题，你才能看得更高，走得更远，才不会让职位限制你的职场格局。

第四章

价值提升：自我投资，是性价比最高的投资方式

01 你的职场穿搭，透露着你的气场

气场正与你的意志力有关，请牢牢记住，这是很重要的命题，就像一个人需要灵魂，我们的宇宙也需要最核心的动力，否则扩张就会停滞。你需要终生保持强大的意志，无论做何事，都要督促自己谨慎而坚持。这一课程将贯穿你的一生，没有一天允许松懈，除非你想放弃某些欲望，在某一段时间彻底放纵自己。

——皮克·菲尔《气场》

去年我参加一个Party，和我同去的还有几个公司的老板，他们都是很多女孩眼里的成功人士。后来大家去KTV唱歌，就有女孩过来跟其中的一个老板聊天，女孩和他聊他的工作，

表达对他的崇拜，还加了这位朋友的微信，后来这个女孩不说话，他们就没什么可聊了。其实这个女孩一出现，我就知道这位朋友不会和她聊太多，因为她那天的穿着不符合这位朋友的审美，甚至是不符合他那个圈子的审美，所以，这位朋友宁愿自己坐在那边打游戏也没有和她继续聊下去。

错误的穿着，确实会让你失去很多本该属于你的机会。在职场，一位刚毕业的青涩朝气的女孩，拿一只香奈儿的包会让人觉得有点奇怪，可能还会被认为是不是借用了家里姐姐的包包。一位企业高管如果拿印满 logo 的中低价位的名牌包，也会降低自己的身份，与其如此，还不如拿质地讲究，让人看不出牌子的包。

所以，衣服或穿搭流行不流行、贵不贵是其次，重要的是在不同的时间、场合是否恰到好处地符合你的身份气质。

不管是国剧《欢乐颂》中霸气外露的职场干练女金领安迪，还是韩剧《金秘书为何那样》中优雅知性的金秘书，她们的服装穿着都符合自己的身份气质，又不失该有的气场，因此令人印象深刻。虽然她们都以职业装为主，但各有各的简洁干练、端庄大气，一言一行都彰显着自己的专业和气场。那么，作为普通上班族的我们，该怎样穿出自己的风格呢？

1. 了解你要去的单位的着装要求

我们进入一家单位的时候，最好是先观察这里的人都是怎么工作、怎么行为处事的。来到一家新单位，身处新的环境，先低调做人，摸清楚状况后，再展现自己，是最保险的方式。穿衣也是如此，你应该先观察所在单位的大部分女性的穿着，了解单位的着装要求再决定自己的穿衣风格。比如，你在金融公司上班，如果你穿波西米亚长裙或者小洋装，就会显得很奇怪。

我认识一个朋友，现在自己创业。他说他当年留学回来后，在上海一家律师事务所工作，自己的西装都是名家定做的，因为衣着太出彩，周围的同事都觉得他太装了，导致他被排挤，最后离开了公司。所以初到一家公司，多看看周围环境，在没有搞清楚新的工作环境状况前，低调观察、小心做人是最保险的方法。

2. 了解你上司的喜好和他对你的期望

职场的升迁和你的领导息息相关。人们都喜欢和自己性格习惯相似的人相处，心理学研究表明，模仿一个人的动作和用词，会让他不知不觉喜欢你。国企、政府机关或外企这些单位，通常对着装没有什么要求，看看你的领导喜欢怎么穿，模仿她是最简单的方法。但是如果你的领导是公司老板，她可以穿洋装，不代表你可以，因为她已经没有上级领导了，可以随便穿，不过她还是希望你能穿得职业一点。保险一点你可以穿T恤加长裤，但千万不要穿拖鞋。拖鞋的拖沓声音，会让人感觉你像在度假，看上去很不职业。如果你是部门的主管，或者希望得到提拔，那么你最好穿得干练点，什么女仆装、长裙，浮夸且细节繁多的衣服尽量避免，简约是你最不出错的选择。

3. 在满足以上两点要求的情况下，请让你的衣着显示你的优势，掩盖你的劣势

不是每个人都拥有天使的面孔、魔鬼的身材，但是你应该明确认识到自己身上的优点和缺点，学会凸显优势、隐藏劣势。这是每个人都能够做到的，也能让你的上司、同事、心仪对象看到你的闪光点，提升对你的印象。我们有一个学员小甜，身高只有一米五多一点，来找我们的时候她快要被公司辞退，男友也要和她分手。原来，她平常就喜欢穿平底鞋，这让她在北方的城市看上去过于娇小，而且也暴露了自己的劣势。我给她的建议是：要穿高跟鞋，衣服也要尽量凸显自己的优势，换一些有质感且质地柔软的衣服，每天坚持化妆，给人看上去清新干练的感觉。半个月后，她在朋友圈晒出了自己改造后的照片，她当时那个快要和她分手的男友就约她见面，男友说她的改变惊艳到他了。如今，小甜已经和新交的一米八的帅气男友订婚，天天秀恩爱，如此大的改变，竟然是从小小的穿搭改变的！这样的“蝴蝶效应”在日常生活中处处可见，就看你会不会下定决心做出小小的改变，一个小小的改变，就会给你带来更多更好的运气。

4. 不要穿暴露的衣服

很多女孩总是以为，用暴露的穿着能吸引到优质异性，从而为自己的事业助力，其实不管是在职场还是日常生活中，这都不能达到目的。

首先，职场是一个用结果说话、用实力讲话的地方。通过你的实力展现出来的魅力更容易得到男性的尊重。一次，我和我的大学师兄一起吃饭，这个师兄30岁出头，曾经在海外留学过，如今已经是上市公司的大股东了，他和我说，女人什么时候最有魅力呢？不是这个女人为了这个男人怎么穿、怎么做的时候，而是这个女孩展示实力、展现魅力，不为某个人，只为成为更好的自己的时候，这个男孩远远地看着，最容易被她吸引。

而我也见过有的小姑娘，因为喜欢自己部门的副总，在公司扮演傻白甜。这个小姑娘工作上没有建树，只展示自己的可爱和柔弱，让本来对她还有一点好感的副总对她敬而远之，甚至将其辞退，这都是现实生活中真实的案例。

职场对女孩真的至关重要，符合你自身气质的穿搭也能为你加分，当你气质优雅且有了经济上的独立，你才会有平和的心态去面对你生活的方方面面。

02 女人由外而内的形象，决定了她的运气

漂亮和美丽是两回事。一双眼睛可以不漂亮，但眼神可以美丽。一副不够标志的面容可以有可爱的神态，一副不完美的身材可以有好看的仪态和举止。这都在于一个灵魂的丰富和坦荡。或许美化灵魂有不少途径，但我想，阅读是其中易走的，不昂贵的，不须求助他人的捷径。

——严歌苓

有一本对我影响很大的书，名字叫《你的形象价值百万》，这本书的作者英格丽·张是加拿大著名的形象设计师、人格咨询师，在这本书里，她提到了个人形象对个人职场发展的重要影响。

对女孩子而言，打理好自己的外表，应该是对自我最基本的要求。杨澜曾经在节目里讲过她在英国的一段经历，当时她面试失败，和房东太太还发生了冲突，就披头散发、穿着睡衣、裹着外套去了咖啡馆。咖啡馆里人很多，侍者安排她坐在一位衣着讲究的老太太面前，老太太没有看她一眼，只是写了一张便签给她："洗手间在你左后方拐弯。"当时杨澜头发凌乱，鼻子旁边甚至还有面包屑，大衣虽然质地不错，但她穿着睡裤配运动鞋，显得大衣非常老旧。等杨澜整理好自己再回到座位上时，老太太已经离开了，留下了另一张便签："作为女人，你必须精致，这是女人的尊严。"

虽然我们一再强调，不要过分关注一个人的外表而忽视了其内在的品质，但我们也要认识到，一个人的名字是一个品牌，一个人的形象是一张名片，衣着得体、外表端庄是对他人的尊重，也是自我成熟的表现。毕竟，没有人有义务必须透过你自己都毫不在意的邋遢外表，去发现你优秀的内在。

外在形象的优美展现

1. 注意体态

要保持良好的外在形象，首先你可以通过健身、瑜伽来管理好你的身材，其次，你的坐姿、走姿、站姿等也都会体现出你的精神面貌。站姿，一定要挺拔，避免弯腰驼背，给人老气横秋的感觉。走姿，除了注意站姿的抬头、挺胸、收腹以外，走在路上要不快不慢，稳稳当当，自然就好。坐姿，要优雅，上身要正，腿可以并拢向左或向右侧方，切忌抖腿。另外，高跟鞋是女孩成熟的标志之一，借助高跟鞋会修饰、拉长你的腿部线条，让你更摇曳生姿。

上班族大都是久坐一族，久坐不但容易产生不良姿态导致驼背耸肩，更有可能危害健康。因此，注意保持和改善你的体态，是提升气质的第一步，比任何衣物都有效。

2. 注意护肤

关于皮肤保养，其实很多女孩子都已经在做了，这里就简单说一下。你要善于挑选适合自己的护肤品，注意清洁，定期用面膜滋养。早睡早起，让皮肤充分得到休息。保养要趁早，这是一句至理名言，不要等到皮肤暗沉，皱纹横生的时候再来保养。早期的保养叫投资，等到晚期了，那就叫维修了！一个姑娘，如果脸上有卡粉、脱妆，都不能称得上“妆容精致”，而改变肤质可不是一天两天就能做到的，守护好自己的美，是女人一生必修的功课。

3. 化一点淡妆

女孩子都应该会一些化妆的技巧，不同的场合搭配不同的妆面。就算家门口喝杯茶见个朋友，也要坚持化妆打扮，把自己打扮漂亮一点。化妆是一种礼貌，也是一种积极热情的生活理念。上班族姑娘们更应该把自己打扮得美一点，无论什么时候，都显得神采奕奕。

4. 衣着得体

身材不好不要紧，可以去健身去改变，也可以通过适合自己的着装来扬长避短，不是一定要买多贵的衣服，而是一定要选择适合自己的风格，干净、整洁而得体。小细节也是需要注意的地方，比如，毛衣是不是起球，鞋子是不是有泥点，外套是不是有线头，配饰是不是褪色，包包是不是整洁，很多时候，这些小细节都是出卖你的地方，所以千万要注意。

大家可以看看世界上最著名的王室，英国女王伊丽莎白二世。女王已经年过九十，辈分已经到了曾祖母，但每一次出现在公众面前，依然是英国的一道风景，发型讲究，喜欢彩色套装，帽子丝巾都一丝不苟。看看女王奶奶，有没有觉得女人由外到内的美就是一辈子的修炼，就这样一直到老也并不是不可能的事情呢？

内在心灵的修炼充实

除了外表上的美丽大方，我们更要修炼丰富的内在。要做到这一点，就要让自己的心静下来，保持情绪稳定，否则即使外表看上去无懈可击，也很容易“一秒破功”。

前不久，我在餐厅吃饭，隔壁桌是一群朋友聚餐。其中一位姑娘，身材妖娆，五官精致，肤白貌美大长腿，连我都忍不住多看几眼，毕竟美丽的人和事物总是引人好感。一会儿服务员来加水，一不小心打翻了水壶，有一些水溅到了那个姑娘身上，服务员慌忙放下水壶道歉，只见那个姑娘跳起来，脸涨通红，指着服务员就开始破口大骂。这个姑娘原本美丽的五官因为太激动都有点扭曲，和姑娘同桌的人，也都瞬间安静了。

我们生活在一个看脸的世界，大街上、商场里，你会发现美女越来越多，她们也很努力，坚持锻炼，修饰自身，在变美的路上不断奔跑。只是，姑娘们，在你不断变美的过程中，请别落下自己的灵魂，别让自己的修养配不上你的美貌。美丽可以打造，那骨子里的善良、包容和谦让却需要慢慢累积，需要你时时刻刻地铭记，内在的修养才能伴你活出最美的自己。

1. 对生活的热爱，是你和世界交流的方式

很多人以为由内而外地展现美是富人才能做到的，普通

人没有那么多钱也没有那么多空闲，怎么可能由内到外美起来呢？这么想，你就理解错美的意思了。更多时候，美需要的是发现平凡生活之中的闪光点，不必增加太多经济负担，就可以带给自己也带给别人一些感动。寻找美好，照亮生活便是我们的内在追求。

经济学里有一个名词叫“口红效应”，指的是，在美国，每当经济不景气时，口红的销量反而会直线上升。为什么像口红这样在男人看来是“非必要之物”的东西会卖得好呢？因为口红是一种可以给大家带来安慰的小物件。从宏观经济的角度和从营销的角度来看，大家对这个现象都有很多解读。我在这里并不想多分析口红和经济学之间的关系，只想说，就算生活再黯淡，涂上口红让自己美丽起来，就能让心情变得更好。这样一点一滴的小惊喜，也是你对生活的热爱，不是吗？

在你的生活里，其实可以多一点类似的小确幸。比如，买上一套精致的骨瓷餐具，每天给自己做早饭，配上精致的摆盘。美，从来不等于贵，也不见得需要一次花上太多时间，重点在于持之以恒，循序渐进地为自己的生活增加有意义的存在。

你可以选择一项让自己静下心慢慢提升自我的爱好，比如一笔一划练字，比如种花，用一年时间慢慢感受四季轮回，你还可以试试冥想、画油画、拼拼图。找一项自己喜欢的爱好，先让自己的心静下来，专注往往是美的先决条件。

2. 在生活艰难的时期，依然保持美

如果你能在生活艰难的时期，依然保持美，那么美就将是你撑过这段岁月的武器。第二次世界大战期间，资源稀缺，女作家费雪写了一本书叫《如何煮狼》，她引用了莎士比亚的名言，“食欲是一匹无所不在的狼”。这本书说的却不是生活多么艰难，而是主妇们如何在资源稀缺的窘境下，运用智慧和灵感，改良食谱，让一大家子人体面地维持生活。在困顿中依然精致生活的背后，是对生活的乐观态度和应对困难的智慧。

高中的时候，我有个闺蜜，校花级别，就是那种明明可以靠脸吃饭，却偏要拼才华的姑娘。和她熟起来之后，她跟我说起，自己小时候家境优越，家里住的是别墅，坐私家车上学，母亲是全职太太，定期去美容院，每天下午茶，养尊处优。结果初中二年级，父亲突然生意失败，家中的资产全部抵押还债，他们一家三口也从别墅搬到了一个破旧的小小的公寓楼。

她母亲没有工作经验，找了很久才找到一份超市收银员的工作，那一段时间，日子过得很辛苦，有时候连肉都吃不上，可是，她母亲总有办法把几个有限的素菜做得红绿分明，清爽可口；屋子虽然破旧，也总能被她母亲收拾得干净整洁。

有一天晚上，她半夜醒来，听到房间里有轻轻的爵士乐声，父母相对而坐，手里端着红酒杯，看着彼此脸上还有笑容，完全看不出他们曾经经受过那么大的打击。在那两年之后，闺蜜的父亲生意总算好转，经历过大悲大喜，她的父亲说最感谢自己的妻子，因为她让自己明白，钱不过是让人身心愉悦的工具，失去了对生活的信心才是最可怕的。对困境最好的反击就是保持对生活的热情，行到水穷处，坐看云起时。

3. 美是内在积累的体现，美的根本在于格局和修养

内在的美因为更稀缺，所以更需要长期维护。内在的精致在于对每一件小事都有所追求，用心去做，对自己负责。由内生发呈现在别人面前的美，其实只是美的“冰山一角”，而能做到这一点，背后也往往有大量的知识积累和长期不懈怠的自我坚持。

格局和修养体现了一个人的眼界、气度、见识和心气，它决定了你的层次有多高，世界有多大，希望姑娘们有所感悟。要做到这点，就要让自己有见识。当你知道你对生活的追求到底是什么时，你就不会轻易让自己懈怠，美就不会流于表面，而逐渐变成你的内涵。

美，不等于堆砌美好的东西，而是在于将美好重新排序，按照你的方式表达给世界，在喧嚣的世界当中坚持做自我。

03 细节，影响你的职业社交圈

我想喝水，我拿了自己的杯子，特别自然的，也没问，直接把她的杯子一起拿出去，接满了开水回来，给她把杯子放桌上，就继续看，整个过程我都没有印象了。不是那个领导说起这个细节，我都忘了。那个领导当时问总制作人，为什么决定留下我，让我正式入职。制作人就给他讲了这个细节，她觉得这个小孩儿特别细心，以后肯定能培养出来。谁都不会想到，包括我自己。没想到一杯水，为我赢得了一份工作。

——李响《响聊聊职场》

在生活中遇到一位新朋友，和他聊几分钟你就能知道，这个人是不是和你在一个圈层。也就是说，要判断一个人是否值得深交，和对方聊几分钟就可以了。这样的判断，同样体现在职场升迁方面。你行为举止的细节在暴露你的身份圈层、你的生活品味，甚至你未来的发展情况。那么，在职场上打拼，我们到底该注重什么细节呢？

重视你的细节，职场才会重视你

曾在某篇文章中看到过这样一个故事：

“在一个聚会上，如果你跟两位年轻女士聊天，其中一位女士拿的包看上去挺一般，但是谈吐不俗，居然引用了最新《经济学人》杂志对 G20 的分析。第二位女士的包一看就是名牌，但她更关心电视剧《我的前半生》里的原配斗小三。你能不能判断，这两位女士谁的社会地位更高呢？”

显然，第一位女士的社会地位高，不仅仅是学识，我们甚至可以断定，她的经济状况也大大超过第二位女士。这可不是因为有知识的人地位一定高——正好相反，知识很贵，社会地位高的人，一般都有知识。

去年，一个关于北京高考状元的采访发人深省。这位高考状元说自己因为家庭条件优越，所以更容易取得好成绩，正在考虑是选北大还是清华。从这个事实可以看出，因为有了优越的条件，所以未来他也会获得更好的学习机会。我们不去评价“因为拥有优越的资源，所以拥有更好的未来”这种现象，只是想让大家了解，你展示出来的谈吐、才华、对问题的看法、你外在的细节等，其实都在说明你现在的社会地位和未来的发展情况。

曾国藩曾说过，“邪正看眼鼻，真假看嘴唇，功名看气概，富贵看精神”，“一个人的风水在脸上”，如果说30岁之前的容貌来自于基因遗传，那么30岁之后的容貌则取决于你的精神气质。为什么我们看到那些长相普通的女孩，随着年纪的增长越发变得美丽？因为，这和她们平时良好的生活方式、为人处世的态度都息息相关。

1. 长相是先天决定的，但细节却是你自己决定的

长相平平并不是你不修边幅的借口，一个五官出色但粗糙邋遢的女孩，和一个其貌不扬但细节精致的女孩，谁的竞争力更强？当然是细节精致的女孩。一个粗糙邋遢的女孩，她的上司和另一半不会对她另眼相看，毕竟他们从细节就能

一票否决她的工作质量和生活品质。

说到精致，Honey 姐就会想起刚刚工作时候的一位女上司。这位上司年纪并不大，但升职很快，她负责的项目很多，经常白天黑夜连轴转，别人下班的时候她才刚刚结束一天的会议开始加班。虽然很忙，但她身上却看不到一丝一毫的慌乱，她每天都化着淡妆，打扮得体，举手投足都是一道风景。

有一次，上司请我们全组人去她家聚餐，她亲自下厨。她住的是一栋老旧单元楼，但布置得很有家的感觉。地板一尘不染，很多绿植，阳光照在小格子桌布上。还记得，上司端了饮料给我们，同事们都觉得清爽好喝就问是什么，她指了指窗台上的植物，笑着告诉我们是自己种的薄荷。

那天上司说了一句话我一直记得，她说："房子是租来的，生活可不是租来的。"虽然之后不久我就出于职业发展的缘故，离开了这家公司，但一直都记得这位上司，也一直身体力行，让自己的生活变得精致。当你整个人的气质和细节里都散发着精致味道的时候，随之而来的职场和生活自然不会对你太"粗糙"。

2. 拥有让人舒服温暖的技能，也是你的加分项

职场中，并不是那些美若天仙的女孩才能一路绿灯。我记得刚毕业去国内 top3 的互联网公司上班的时候，就听说一个不成文的规则，这里招人会招那些看上去舒服、和善的人，认为这样的人工作起来更平稳，和同事沟通也更加顺畅，团队也更温暖。那么怎样才能让人感觉到你是一个很舒服、和善的人呢？

首先，请约束自己的戾气。现代社会压力大，人际复杂，处世是门大学问。每个人从早上一睁开眼就似乎打了鸡血一样，恨不得一天的工作全都马上到位，不能惹领导不高兴，不能完不成上级布置的工作，还要有所作为，彰显能力。每个人都在不断地与他人打着交道，可又因为匆匆而过而无法为对方留下任何深刻的印象，如果你 Hold 不住场面，就只能让人看到你毛毛躁躁的模样。

记得我初入职场时，就遇到过这样一位同事。她叫小李，比我进公司要晚一些，可上进心很强，一直想要有所建树。只是，她对工作业务并不熟练，再加之工作量很大，所以每天都很着急的样子，有时甚至动不动就摔人家电话。所以同事们都说，在小李身上看到的不是朝气蓬勃，而是戾气。所

以，每天反思一下自己，有没有避免把这种戾气散发给周围的人？

3. 你的待人态度不要分级别

记得上个月，几个朋友一起吃饭，其中有一位朋友是某个公司的总经理。那天吃饭，我们想打包一些东西给没来得及吃饭的另一个朋友，但是这个饭店有个规定，就是打包食物需要写一份声明，意思是打包后食物的安全和饭店无关。这个事情我们是第一次遇到，但也能理解饭店的严谨态度，然而，我的这个朋友当时就很不耐烦，对服务员态度也变差了。这虽然只是件小事，还是让我对这位朋友的印象减分了。

我们说要善待服务员，善待周围人，因为这会让我们在别人的印象里加分，这应该是我们处世的原则。一个能换位思考，体谅别人，考虑别人感受的人更值得我们去认识去深交。这一点也可以用在我们选择员工，选择合作伙伴，选择伴侣上。同样的，我们每个人也在每天被挑选，别人是否选择你，也会考虑同样的问题。所以，生活中举手投足的细节，是你需要注意的，待人接物是否有礼有节、进退得宜，这些都影响了你被挑选的概率。更多的时候，你需要回忆你和他人交往的细节，从细节去反思自己，是哪里减了他人对你的印象分。

你是谁就会遇见谁，你是什么样的人，通常也就会有什么样的人欣赏你，如果你想要更优质的社交圈，那么你需要更多地提升自己。

04　职场态度，拉开了人与人之间的差距

踏入职场，就进入了打造自己个人品牌的轨道上。工作态度、为人处事方式、工作成果……每时每刻都在体现着我们的个人素质与能力。职场路上，我们需要做到持续地强化自己的核心竞争力；不断地锻炼和提高自身的智商、情商、逆商；面临择业、跳槽、裁员失业、离职、转行、工作与生活的平衡……各种重要节点时，运用全方位多维度的思考模式，作出适合自己的选择。

——萧秋水《用所有的存在与世界相会》

在一个求职节目中，一位名叫李雷的求职者在谈他的大学经历。大学期间，他除了拿到优秀的成绩之外，在课余时

间还做一些“小生意”，每年新生开学的时候，去批发市场买一些洗脸盆、暖水壶之类的生活必需品来卖，平日里也会卖一些小零食或者日用品，他的宿舍俨然就成了一个小仓库。去批发市场批发商品然后再进行零售，做这种小生意的门槛并不高，可是愿意做这种小生意的大学生却并不多，挣得钱太少，耗时间，拉不下面子，大部分家里也不需要孩子去挣这份钱，但是李雷愿意去做。在他看来，这不仅仅是在挣钱，更是一份难得的经历，能够锻炼他的社会实践能力，让他可以从小零售做起，然后越做越大，甚至开始招代理，在竞争者中脱颖而出。在节目中，大家对李雷的能力有目共睹。其中一位boss对李雷尤其感兴趣，明确表明愿意录用他，并说：“我很欣赏你，因为当年我上大学时也是这么干的。”最终，在这个许多本科生都找不到工作的节目，李雷去了一家发展前景好，并且起步底薪就是1万多元的公司。

做这些兼职赚的钱也许并不能够对生活产生巨大的改变，也无法让他实现由“无产”到“中产”的阶级流动，但这份经历和态度却折射出李雷对事业的坚持以及对生活的热爱，这一点让面试官对他青睐有加。其实，拉开人与人差距的就是你对事业和职场的态度。

1. 用学习提高来代替抱怨嫉妒

我曾经的助理 Ada 是个刚毕业的漂亮姑娘，但是工作总出错，做事马虎，我从来不会把重要工作交给她。一次，我叫 Ada 到办公室，想和她好好谈谈最近工作上的事情，但她一会儿低头看手表，一会儿向窗外张望。

“手里还有工作在忙？”我问她。

“没有没有，只是……没事没事，您接着说……”Ada 欲言又止，但样子明显是坐不住了。

我简单说了两句，看得出来她没认真听，于是我提醒她记得第二天一早把一周前交给她的新项目 PPT 发给我。她匆匆点点头出去了，我发现原来是下班时间快到了。

第二天上午，我去 Ada 的工位叫她，她的工位上物品杂乱，有各种外卖餐单、超市打折单，还有睫毛膏、口红等一堆化妆品，她脚边还有各种网购的纸盒。

等 Ada 进了我的办公室坐下，我指了指电脑上刚刚收到的 PPT 给她看，“一周时间做一个 PPT 还是不够吗？”Ada 沉默不语，显然她也明白自己又搞砸了。

我打开一份前助理小冉做的 PPT 给她看。小冉能力出众，已经升职独立去带项目小组了。小冉对工作的认真负责，一向在全公司都是出了名的，只要是她经手的项目，中间的过程我基本上都不用操心。

“她是海归，来我们公司之前就在大公司工作过，我才毕业，怎么能相比呢？”Ada小声嘀咕了一句，然后就哭了起来，我把纸巾盒往她面前一推，等她冷静下来。

小冉的确是名副其实的职场“白骨精”，她家境优渥，教养极好，独立好强。她来面试的时候，我曾经问她：“家境这么好，完全可以在家当一个舒舒服服的大小姐，何必来写字楼做辛苦奔波的小白领呢？朝九晚五，月薪才几千。”

当时，她很认真地和我说：“家里有钱和我努力有什么关系？我只是想通过自己的努力，做一份自己喜欢的工作，为自己的人生赢得一份相应的认可。我希望大家在看到我越来越优秀时，首先看到的是我的努力，而不是首先想到我的家境为我带来了什么便利，这种感觉不是钱可以买来的。”

再看Ada，她本来也是个聪明伶俐的姑娘，可惜，她陷入了很多人的职场误区，没有了解到工作的真谛。

2. 认知决定眼界

心理学有个概念叫作“知觉的选择性”，人在知觉事物时，首先要从复杂的刺激环境中将一些内容抽象出来组织成知觉对象，而其他部分则留为背景，这就是知觉的选择性。

职场中有许多常见的标签，就是“知觉的选择性”的表现，比如“名校毕业”“名企经验”……实际上，职场当中英雄不问出处，只有成绩才是前行的根本。很多人总喜欢贴标签，把别人的成功归结于外部条件，只看到别人的光环，却从来看不到别人的努力。

每天赶着去约会的人自然不会知道，还有人在公司加班熬夜只为第二天开会做一次漂亮的发言。每天惦记回家打游戏的人自然也不会知道，还有人每天坚持去培训班充电。

要知道，只有非常努力，才能看起来毫不费力。其实，很多比你优秀的人始终比你还努力，只是你一直不知道而已。

3. 工作无大小，结果是导向

初入职场，很多如 Ada 一样的新人面对的是琐碎的杂事，他们会觉得自己大材小用，于是草草应付了事。一旦开始应付工作，自然不会有太大的进步，养成这样的习惯，它就像毒品一样日日吞噬着你，因此，这样的工作态度是绝对不会有好的职业发展的。工作当中无小事，任何事都能体现出你的执行能力，而执行能力就是职场进阶的根本。

用“九段秘书”做例子，就可以非常好地解释何谓“执行能力”。

一家公司里，总经理要求秘书安排一个第二天上午九点的会议。秘书要通知所有参会人员，自己也要参加会议，那么不同水准的秘书都做了什么呢？

秘书的基本工作包括：给所有参会人员发电子邮件，准备相关会议用品，并且参会，完成了这些工作可以算一段秘书。稍微周到点的秘书还能有意识地完成“确认每位参会人员能否参会”“二次确认每位参会人员能否参会”“测试会议物料能否正常使用”“发放会议相关材料”“做好会议记录”和“发放会议记录”等。完成到了这一步，已经可以算是个七段秘书了。

如果能完成“将任务落实到每一个负责人，并且持续关注完成情况”，已经堪称一个优秀的秘书了，此为八段秘书。故事当中真正显现典范执行能力的是九段秘书——不但可以完成好上述每一项任务，还可以将这一套流程定为模板，复制所有环节交给任何一位秘书执行，形成不依赖任何人的会议服务体系。

见微知著，不要小瞧工作中的任何一件小事，因为你做的每一件小事，说的每一句话，对每件事的态度都构成了你的工作风格。每个人的工作风格都是不一样并且显露在外的。你的工作风格是偷懒应付，领导自然不会对你委以重任；你的工作风格是认真严谨，上级就会交给你重在细节的工作；你的工作风格是调度有方，你就适合做管理工作。所以，任何小事的积累，其意义不仅在于具体事务本身，也在于一个人的格局。工作无大小，结果是导向，工作态度和执行能力决定了你的价值。

4. 拥有目标感

一旦被问到“你对未来职业发展有什么规划”这个问题，很多初入职场的菜鸟甚至有几年工作经历的员工都支支吾吾，完全没有概念。也许他们之中的很多人，只认为这份工作是为了糊口，不过是每天卖给公司 8 个小时而已。

“先定一个能达到的小目标，比方说先赚它一个亿。”大多数人提起这句话就会调侃几句，但实际上，定好一个小目标，对人的激励作用是非常大的。如果宏大的目标实现起来太有压力，不妨拆分成若干小目标。踏踏实实地一步一步朝前努力，只要坚持住不放弃，无论如何都会拉近和终极目标的距离。举个能看到的小例子，近几年慢跑这种健身方式风靡起来后，很多跑者坚持训练，经过数个月的努力，有人强健了体魄，有人甚至参加了马拉松比赛。

总有些人在上班时间网购、聊 QQ，把工作时间浪费在无用的事情上，下班时间一到就跑了，从来不肯为自己的工作多付出哪怕一分钟的时间，在他们心目当中，一直都把自己放在“优秀同事”的对立面。实际上，只要朝着目标努力，每个人都可以发现自己的潜能，在不知不觉当中成长为“绝不可能的”另一个自己。

不要沉迷于仰望那些光芒四射的人，只要你愿意，你也可以成为和他们一样优秀的人。羡慕别人人生精彩，不如去背负同等的辛苦。想要见识到更大的世界，就风雨无阻，涉水前行。

05　二十岁不做有趣的人，生活怎么有趣

世界上高级的人很多，有趣的人也很多，又高级又有趣的人却少之又少。高级的人使人尊敬，有趣的人使人喜欢，又高级又有趣的人，使人敬而不畏，亲而不狎，交接愈久，芬芳愈醇。

——余光中

“好看的皮囊千篇一律，有趣的灵魂万里挑一。”有趣，作为近几年的一个热词，频繁出现在大家的视野里。究其原因，大概是因为大多数人每天需要面对的压力越来越大，有些品质可以提供内驱力，增加吸引力，便显得更加可贵。有趣，就是其中一种。

关于什么是有趣，有很多种说法，总结起来，主要包括

这样几点：保持好奇心，有旺盛的求知欲；有自己的想法，不人云亦云；有一点幽默感。好奇心和求知欲，最大的好处在于，能让你对生活有一种持久的热情。这样，无论你的日常工作学习有多么枯燥乏味，你始终能找到自己感兴趣的方向，持续钻研，持续发现。

很多人会说：我也不知道自己对什么感兴趣，怎么办？我想，有这样的疑问的朋友在从小到大的生活中，可能太过于“好好学习，天天向上”。你可以多关注一些美好的小事，就会发现一些能点燃你热情的喜好，也许是运动，瑜伽、游泳、台球、剑道或者跑步；也许是艺术，逛美术馆、学油画、学书法；也许是生活，插花、茶道、纸艺、裁剪……哪怕你的喜好并不被大家认同，只要对人对己无害，就值得坚持，值得喜爱。

我有个朋友，很喜欢收集各种各样的饮料瓶，她出差去香港时并没有买很多化妆品，反而买了好几瓶只有香港才有的饮料，只为收集瓶子。她结婚装修新家的时候，特意做了一面装饰墙，专门用来摆饮料瓶。这位朋友的爱好有点特别，但她先生对她宠到不行，他就爱她这份特别，在他的眼中，她就是无可替代的，永远可以为自己的生活带来发现感。

很多时候，你“没有那么有趣”，是因为你过于迎合别人的观点，没有表达自己的想法。我们国家的教育模式和文化传统过分强调“顺从”“合群”，但实际上，学会勇敢做自己才是获得幸福的必经之路。每一个自己，都独一无二，每一个观点，都值得尊重。你的人生价值，从来不体现在迎合别人上。如果不能勇敢做自己，做喜欢的事情，如何谈得上有趣？

有趣是一场愉悦的意外，是一种惊喜。如果你的想法、你的表达从来没有新意，说的都是套话，做的都是套路，那么你离“有趣”，还真有点距离。

说到出其不意，要举一个很多人都熟悉的姑娘做例子。在演喜剧的姑娘里，贾玲一直风格独特。《欢乐喜剧人》第一季，贾玲除了在舞台上的表现非常精彩之外，她与主持人吴秀波的互动也让人津津乐道。有一期节目波叔问贾玲：“这一周大家都挺困难的，贾玲你的感受如何？”贾玲说：“我就是可能比大家稍微苦难一点，因为我那个除了排练以外，业余的时间还要想你。”

这个回答其实很巧妙，波叔当时的话只是问大家是不是这周比较辛苦，属于一种比较简单的寒暄，贾玲完全没按常理出牌，很巧妙地把这个话题扯到了情话上面去了。冷不丁听到这么一句话，第一反应是吃惊，接下来会想，这对话确实有点意思。

整个第一季，贾玲一直在变换语言调戏波叔，但你也不会觉得贾玲 Low，只会觉得这姑娘思维敏捷，添了几分可爱。

有趣就像是蛋糕上那颗樱桃，缺了它，仍然是蛋糕，最多略显平淡，有了它，就是点睛之笔。人生数十年，容颜会老去，有趣带来的吸引力却是无可替代的。

有趣的人是一个好的工作伙伴。工作当中，想法和执行力同样重要，尤其是创业公司和创意类公司，更需要不同观点的碰撞，这个时候，同等条件下，有趣的人显然是一个更优选择。压力大的公司，往往也更需要有趣的员工。他们可以不时开开脑洞，遇到困难自嘲自黑，从而很大程度上缓解团队的压力。工作占据着普通上班族日常 1/3 的时间，互联网行业的“996 现象”就更不用说了，在这种情况下，可以在工作中保持有趣、找到乐趣，也是非常重要的职场竞争力。

做有趣的人，让你的有趣提升自身价值

1. 勇敢做自己，自信表达真实的想法

我们往往可以在自己熟悉的环境中或与闺蜜好友交流时侃侃而谈，可是，一旦到了陌生的环境，却总显得扭扭捏捏，瞻前顾后，有时候甚至直接冷场。这一切的根源，都源于不自信。这世界越喧嚣，你越需要为自己发声。无论职场或是情场，你都需要真实表达，为自己代言。有趣的根本，并不在于你的语言有多俏皮，多会讲段子，而在于，你真实性格展示出来的吸引力。

2. 锻炼思维，增加阅历，做好知识储备

很多时候，你没有观点在于积累不够，积累知识的方式有很多，可以多出去走走，多看看书，哪怕你的兴趣爱好就是美食，只要留心积累，也能给大家讲一些知识出来。比如，你可以讲一盘烧鸭的产地、运输、做法，哪里的烧鸭做得好

吃，吃它有什么讲究等。这个世界本身就是有趣的，只要你愿意用心感知，总能从各个角度发现不同的趣味。只要你保持好奇心，保持对这个世界的热爱，并且努力去追逐自己喜欢的东西，你就一定会是个有趣的人。当然，等你积累得足够多，还有一件事一定要做——多思考，形成自己的观点。你不是一个知识的搬运工，不需要事无巨细背下来，毕竟我们有 Google、百度等工具可以用，你的独一无二，在于你表达的观点，在于把输入变成自己的观点输出。说回烧鸭的例子，如果你只是觉得别人喜欢和你聊烧鸭是因为不知道怎么吃，那就是误解了。大家只是更喜欢你提到吃的时候那种专注的表情和你对食物独特的见解。

3. 别用力过猛

你要当个有趣的姑娘，但，不是当一个逗比。别为了有趣刻意背段子，走到哪里都专注于抖包袱，更别刻意装傻逗大家开心。讲大众流行词、蹭热点或者提过时的梗而不自知都会显得有点“掉价”，这类做法确实可以让你在短时间内拉近和别人的距离，可是在相处中，如果所有的情趣全靠人尽皆知的套路来调动，只会让对方觉得你是个毫无主见、没有独立个性的人。

当一个有趣的人，最重要的一点就是，不要刻意张扬自己“很有趣”。

06　每个时代，都悄悄犒赏潜力股

上学的机会是受人控制的，但读书与实践才是获取知识的主要课堂，在这个学校中学习的权力只掌握在你自己手中，是任何人都剥夺不了的。让学习成为一种生活的习惯，这比任何名牌大学的校徽重要得多！

——北岛

经常听到有人说，女人一过30岁就没有市场了，外貌、身材乃至一切都在贬值。在拥护这些观念的人当中，也不乏女性。首先，我们先来看几个案例，什么样是越活越不值钱。

案例1：学员小雅，长得很美，20多岁时，一直以自己的美貌为傲，工作和生活中无时无刻不铭记着自己美女的标签。爱情中任性，工作中敷衍。终于，她跨过了30岁的大关，公司嫌她工作效率低，还不如请一个大学刚毕业的学生，于是她被辞退了。她拿着简历，到处找工作，才发现自己竟然没有傍身的本领，又吃不了苦，工资还比不上以前的工作。感情上，她年纪已经这么大了，出去相亲，却总是被大家挑挑拣拣，被别的年轻女孩比下去。这些都让她苦恼不已。

案例2：学员小A，毕业后就在一线的互联网公司工作，但是她的工作就是负责某工具的某个小功能，一干就是四五年，看着周围的朋友都升职加薪了，她也去向领导要求涨薪，可是领导却拒绝了她，说她没有什么成绩，也做不了别的。这个时候，原单位也不是那么想要和她续签了，便辞退了她。小A上有老下有小，人也不再那么年轻了，在岁月的洗礼下，自然而然地变成了一个普通的还有点憔悴的中年妇女。

案例3：这是我几年前在职场经历的案例。那时候，我们团队有一位高级经理，因为结婚离开了职场几个月，回来后负责公司的一个重要项目。她第一次做汇报，领导不满意，第二次修改后去汇报，又遗漏了很多细节，压力很大，不久就提了离职，说老公能养她，自己不适合这个工作，到现在她似乎已经离开这个圈子了，没人知道她在哪里工作了。

不只是女人，其实男人也会有很多类似的案例。年轻的时候凭着精力充沛，家里也没有负担，很容易获得一份好工作，也容易获得爱情。随着岁月的流逝，只有年纪在增长，职场上的能力和自己处事的方式都没有长进，在职场上和情场中的优势越来越不明显，在有比较对象的情况下，很容易处于劣势，然后出局。

有了好的价值，你才能拥有挑选的权利，职场也是如此。那些做过很多好项目，有出色成绩的人通常都很受猎头的青睐，随着年纪的增长，他们只需要把自己做过的事情写到简历上，自然就有猎头每天给他们打电话了。我记得以前我还在互联网公司工作的时候，我们身边做得好的小伙伴每天都会接到好几个猎头电话，给他们更高的职位和更多的年薪。这其中不乏很多女性，她们的努力，让她们在职场上的升迁，一点也没有因为性别和年纪落在后面。

1. 向优秀者学习

寻找一个你觉得越来越值钱的身边人，并模仿她的行为方式。这个人也许是你职场的领导，也许是你部门的同事，她进步的速度超过了其他人；也许是你的朋友、同学，他的社交圈拓展的速度比你快，社交质量也比你高；也许是你的邻居，她很会处理家庭问题。总之，找到一个在某些方面做得出类拔萃的人，并模仿他，学习他，让他成为你的导师。

如果你不知道怎样在某些方面快速提升，找一个你可以模仿的对象，把她当成你的老师，是很快进步的方法。

2. 近朱者赤，近墨者黑

有研究表明，你的收入是与你经常交往的 5 个人的收入的平均数，这是有道理的。如果你每天都和一些精英泡在一起，他们的思想行为都会影响你，你不想上进都难。一不小心挣下亿万身家的微软的创始人之一保罗·艾伦，就因为当年和比尔·盖茨是高中的好友，两人后来一起创办了微软。虽然保罗很早离开微软，但是依靠在微软的股票，他再也不用为钱发愁。你月薪 5000 元和你月薪 5 万元，接触到的人可是不一样的，你的格局也是不一样的，也就是说，你可以选择的人群也是不一样的。

我们要远离那些负能量的人。如果你身边有负能量的人，这些人总是埋怨别人，动不动就愤青，那是不是会影响到你的思想和行为呢？当你经常抱怨，时不时议论别人的短处的时候，相信我，物以类聚，那些积极生活的人就会疏远你了，那些越来越值钱的人也会离开你了。因为越来越值钱的人的时间和精力都花在了对的地方，他们害怕有人在思想上拖他们的后腿，他们也习惯了不抱怨，遇到问题反思自己。

3. 善良和利他原则

拥有善良和利他之心，有了这个原则，你任何时候的讲话应该都不会差到哪里去。

比如，在职场，作为基础员工，我们要想着怎么帮助领导更好地完成部门任务，这样他未来升职加薪了，你的业绩也很好，那你也会升职加薪。

可能有人会说，如果总是在“利他”，那谁来帮助自己呢？其实你越是想着利己，可能就未必能如愿。因为宇宙的法则就是这样：当你不断地帮助他人，他人才会反过来帮你。

4. 多看书

这一点很多同学可能都做过，看书长期来看确实有效，因为书都是“高人”的总结。我身边很多的精英朋友们，都是爱看书的人，没事就翻书，他们不是看书就是听书，非常喜欢学习。其实，看书也是有讲究的。

首先，看书的进步是最慢的，我今天看书了，明天就能高谈阔论了吗？是不能的。但是我今天看书，明天看书，我坚持看一年的书，进步一定是很大的。我认识一位畅销书作者，他就是在一年内，保持一周看2～3本书的节奏，一年后他的谈吐几乎可以说是脱胎换骨，和国外畅销书作者同台对谈，都没有任何压力，而且现场的掌声基本都给了他。

再次，看书要学会挑选。如果选错了书，看了可能还耽误你时间，市面上有一些图书，含金量并不高。选书的标准是什么呢？其实挑选书就是挑选作者。如果你想要在职场上突飞猛进，你一定要找一个混过职场，且他自己在职场上就很厉害的人的书。这样你才能有所收获。你想要财务自由，你想要学会投资，你就要看那些通过投资实现财务自由的人写的书。

我有个朋友，投资很厉害，他自己也开了节目。最近他买股票赚了很多钱，他说他有个癖好，就是看电影一定要早去，看看电影开场前的那些广告，这些产品的企业很可能就是未来有发展的企业，再研究他们的商业模式，决定是否购买他们的股票。

5. 让贵人主动走近你

机会是留给有准备的人的，但更多的时候，机会是留给那些有价值、有能力胜任的人的。我之前有一位朋友，年薪50万元，但是工作不忙，于是她就托朋友找了份兼职，是帮一个私企的老板写写软文。她不要求报酬，就是想体验下这份工作，于是这个私企的老板就一个月给她几百块，让她兼着这份工作。而她为人开朗、热心，所以除了写软文外，她也帮私企老板做一些简单的工作，还利用自己的经验给了不少好的建议，这些建议确实给公司带来了很大帮助。不久，这位老板说自己忙不过来，就邀请她一起出来做公司了，她现在发展得也很不错。私企老板说，之前也招过很多兼职的，但是没有一个人像她这样，不计较，还踏踏实实地做事情。越是不计较，可能你得到的就越多。

有时候吃亏是福，宽容和豁达一点，贵人们会更希望你在他们身边。

07　所谓的价值提升，就是投资自己

多读几本好书、多交几个好朋友、甚至养成几个好习惯。20 岁是投资和储蓄的时候，要养足未来的资本。魅力的 30，不会从天而降，如果之前的 29 年不够努力，那么过了 30 岁也不会有奇迹出现。

——杨澜

许多女孩子在工作上的拼劲让人刮目相看，可一年下来，除了“买买买，花钱一时爽”的快感，生活质量依然没有质的提升。很多人抱着达成财务自由早日退休的心愿，现实中却总是工资不够还信用卡。发生这种情况，主要是因为很多人还是不能真正打从心底意识到理财的必要性。Honey 姐想要以过来人的身份告诉你：任何时候，最好的理财都是投资自己。

1. 做好本职工作是理财基础

很多人并不喜欢工作，觉得上班太苦太烦。实际上有这种想法，是因为并没有想清楚要从工作中得到什么。有些毕业生会觉得自己的第一份工作薪水太低，于是就应付工作，很快几年时间就过去了，自己一无所获。其实第一份工作更重要的是所处平台带给你的发展，而不是眼前的工资。你擅长什么，喜欢什么要排在更重要的位置，其次才是通过做这些你能获得什么回报。

我有个朋友，是资深的猎头，她曾经和我说过一句话："年轻人刚毕业时的工资确实是少，但是过五年回过头去看，之前损失的钱马上就能全部赚回来。毕竟入职场前几年，更多的是在培养基本技能和思维能力，之后职场道路就会变得很宽了。"面对一份职业，首先要想清楚自己需要什么，在每一天的工作当中发挥自己的主动性，并以此为目标激励自己认真前行。毕竟你学到的是别人拿不走的，而你又在客观上给公司创造了价值，薪水自然会上涨。

就算公司不靠谱不肯给你涨薪，你依然可以靠着自己的真才实学跳槽获得高薪。根据某招聘网站的统计数据，按照跳槽的规律来讲，一般通过跳槽达到的薪资涨幅大概在

20% ~ 30%，高端人才或者特殊职位的涨幅可以达到 50% 以上。所以姑娘们，好好工作真的是一条靠谱的投资之路。如果你实在觉得公司或者行业不适合，考虑换一换也是必要的。

在工作中，你要时刻有一种“创业心态”。何谓创业，奇虎 360 董事长周鸿祎说过：“只要你不满足于现状，想方设法去突破，那就是创业。只要勇敢地正视问题，积极地去解决问题，敢于去承担未来的风险，其实就是创业心态。”

同样是出色的企业家，全球最大商务社交网 LinkedIn 的创始人里德·霍夫曼出版过一本书，中文名叫《至关重要的关系》。这本书中，霍夫曼提出每个人都应该具备企业家精神，才足以应对多变的世界。当然你也可以加入创业公司或者自己创业，如果企业上市，创业公司拿到期权的中层人员就能在投资上完胜普通投资者。

2. 找到一个持续关注的领域，坚持投入，也许会有意想不到的回报

找到并投身于自己喜欢的行业是非常重要的，然而，生活中依然有很多人身处自己并不满意的行业或者公司，却由

于种种原因不能离开，比如，体制内的福利、父母的期待、经济压力等。如果是这种情况，Honey姐建议你可以先从“副业”入手。

我有个朋友，以前只是普通的程序员，但是业余喜欢健身，坚持去健身房。后来，他不但练出了八块腹肌，还在业余时间当起了健身教练。一年以后，他拿到了一笔投资，做起了健身方向的互联网企业。

还有的人在旅行中坚持写游记、写点评，后来成了旅游大V；有的人业余学习Excel技能，后来变成培训讲师，最后还出了书。很多改变都不能一蹴而就，需要点滴积累，这些积累不但可以增加你的经济回报，还可以帮助你重新规划自己的人生，当你遇到职业天花板的时候，你还有机会找到突破。

现在很多知名的自媒体人，也都是从业余时间写公众号开始一点点走向成功的。新锐作者周冲在接受新榜采访时曾说，做公众号之前自己月收入只有3000~4000元，两年之后，靠内容创业成功的她不但出了自己的书，还轻松做到了月入百万元。用个人在某个领域的独特技能变现梦想，这是个最好的时代。

3. 持续投资自己才能做到自我提升

你始终要预留一部分自我投资的基金，学习职业技能或者开发积极的兴趣爱好。只要有助于身体健康、自我提升、眼界开阔的事情，都是一种投资。

如果你的时间显得有点碎片化，那么你还可以选择听音频，这也是个很快吸取知识的办法。你可以听一本厚厚的专业技术书籍，也可以听心理学、哲学方面的内容，每天上下班路上去听音频获取知识技能，坚持一个月，你就会发现已经变得更优秀的另一个自己。

另外，你要维持自己的交际圈，不必抱着过于功利的心拓展人脉，你只是需要认识更多有趣有见识的人，让他们带给你不一样的世界，给你一些启发。跟上你身边牛人的脚步，近朱者赤，慢慢你就会提升自己的财商。

生活中的幸福并不是来自于金钱，但财务上的困难和生活中不可知的意外，会影响你的独立、尊严和自由。因此，以更加理性、谨慎、积极的态度对待金钱，才能让金钱为我们和家人的生活保驾护航，同时也能收获一个更有自控力、对生活更有掌控力的自己。

女人，钱是底气，美是底线。